一本书读懂虚拟现实

刘向东　编著

清华大学出版社
北 京

内 容 简 介

本书是一本全面揭秘虚拟现实的专著,从两条线帮助读者从入门到精通虚拟现实。

一条是横向案例线,通过医疗健康、娱乐游戏、城市建设、旅游、房地产、影音媒体、能源仿真、工业生产8个行业领域的虚拟现实技术发展水平和实际应用情况,透析每个行业领域的重大应用,对相关的内容从可借鉴的角度进行了深入分析。

另一条是纵向线,通过全面了解,把握虚拟现实的精华知识,包括虚拟现实技术、AR技术、企业大佬布局、令人心动的产品、优秀的APP介绍等,帮助用户全面了解虚拟现实的相关内容。

全书所有内容零基础、全图解,通过8个虚拟现实APP介绍+8个行业分析及案例展示+11个企业VR领域布局+11个出色VR产品介绍+18个营销案例分析+190多张超清晰的图片+230多个通俗易懂的图解,深度剖析虚拟现实的精华,让您一书在手,即可彻底读懂虚拟现实!

本书结构清晰、语言简洁、图解丰富,尤其是对于诸多成功虚拟现实行业作了深入剖析,内容十分全面,适合虚拟现实平台的管理者、虚拟现实行业的从业者、有意从事虚拟现实的人士阅读、参考。

图书在版编目(CIP)数据

一本书读懂虚拟现实/刘向东编著.—北京:清华大学出版社,2017

ISBN 978-7-302-46866-0

Ⅰ.①一…　Ⅱ.①刘…　Ⅲ.①虚拟现实　Ⅳ.① TP391.98

中国版本图书馆CIP数据核字(2017)第064157号

责任编辑:杨作梅　陈立静
装帧设计:杨玉兰
责任校对:张彦彬
责任印制:沈　露

出版发行:清华大学出版社

　　　　　网　　　址:http://www.tup.com.cn, http://www.wqbook.com
　　　　　地　　　址:北京清华大学学研大厦A座　　　　邮　　编:100084
　　　　　社 总 机:010-62770175　　　　　　　　　邮　　购:010-62786544
　　　　　投稿与读者服务:010-62776969, c-service@tup.tsinghua.edu.cn
　　　　　质量反馈:010-62772015, zhiliang@tup.tsinghua.edu.cn

印 装 者:北京亿浓世纪彩色印刷有限公司
经　　销:全国新华书店
开　　本:170mm×240mm　　印　张:15.5　　字　数:310千字
版　　次:2017年6月第1版　　　　　　　　印　次:2017年6月第1次印刷
印　　数:1~3000
定　　价:49.80元

产品编号:071846-01

前言

■ 写作驱动

无论你是即将进军虚拟现实行业的创业者，还是虚拟现实行业相关领域的从业人士，都在面临着巨大的挑战和商机。

互联网时代，虚拟现实的浪潮席卷而来，虚拟现实的元年已经到来，在这个发展的最好时期，我们该如何应对？

本书是一本全面揭秘虚拟现实技术、AR 技术、虚拟现实企业大佬布局、虚拟现实产品、虚拟现实 APP、营销方式和应用的专著，特别是对虚拟现实在各个行业的应用，作了详细深入的阐述，帮助读者从实战的角度更深刻地了解虚拟现实行业的动态和发展，同时为用户介绍了企业是如何突破虚拟现实领域的瓶颈，使读者加深对虚拟现实的了解。

本书紧扣虚拟现实，从横向线和纵向线两方面全面解析虚拟现实，让您轻松读懂虚拟现实！

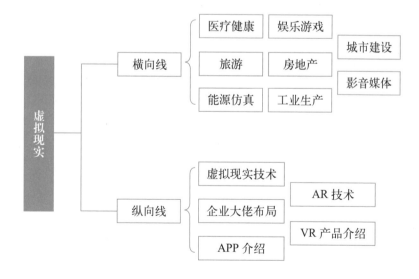

■ 本书特色

本书主要特色：内容为王＋实战最强。

(1) 内容为王：内容涵盖广，简单易懂全面，通过 9 个专题内容的详解，8 个虚拟现实 APP 介绍、11 个完美单品介绍、11 个优秀企业布局，将虚拟现实相关知识全面展现在读者面前，极具含金量。

(2) 实战最强：为了让读者对虚拟现实更加了解，本书通过对 8 个行业领域的虚拟现实案例展示，提供了可借鉴的实战应用。

■ 适合人群

本书结构清晰、语言简洁、图解丰富，尤其是对于诸多成功虚拟现实行业作了深入剖析，内容十分全面，适合虚拟现实平台的管理者、虚拟现实行业的从业者、有意从事虚拟现实行业的人士、进军虚拟现实行业的创业者，以及虚拟现实行业相关领域的从业人士。

■ 作者售后

本书由刘向东编著，参与编写的人员还有贺琴、刘胜璋、刘松异、刘伟、卢博、周旭阳、袁淑敏、谭中阳、杨端阳、李四华、王力建、柏承能、刘桂花、柏松、谭贤、谭俊杰、徐茜、刘嫔、苏高、柏慧等人，在此表示感谢。由于作者知识水平有限，书中难免有错误和疏漏之处，恳请广大读者批评、指正。联系微信号：157075539。

编　者

目录

第1章

简介：虚拟现实的发展与特点

学前
提示

2016 年被称为虚拟现实的元年，虚拟现实最大产品规模的诞生，意味着虚拟现实时代来临了，而伴随虚拟现实的来临，人类未来科技产业也必然发生重大变化，本章一起来了解虚拟现实的基础知识和内容。

要点
展示

▶ 必须掌握的概念
▶ VR 的 4 个特点
▶ VR 的 4 个分类

1.1 必须掌握的概念

微软 HoloLens 是微软推出的一款头戴式装置，细心的人发现，微软在介绍这部头戴式装置时，用的是"混合现实 (Mixed Reality)"这个词，而非大家所惯用的"增强现实 (Augmented Reality)"这个词。

为此，我们就需要弄清楚虚拟现实设备、增强现实设备、混合现实设备的区别。

1.1.1 什么是虚拟现实

首先，笔者为大家介绍虚拟现实。对于大多数人来说，在这个世界上，有很多无法实现的梦想，例如逃离密室、在沙漠中旅行、潜入海底、飞上月球等，但是现在有一种技术，这种技术能够帮助人们感知世界上的一切，可以让人们置身于任何场景中，就像亲身经历一般。这种技术是什么呢？它就是虚拟现实技术，如图 1-1 所示为虚拟现实技术的应用。

图 1-1 虚拟现实技术的应用

虚拟现实 (Virtual Reality，VR) 一词最初是在 20 世纪 80 年代初提出来的，它是一门建立在计算机图形学、计算机仿真技术学、传感技术学等技术基础上的交叉学科，如图 1-2 所示。

直白地说，虚拟现实技术就是一种仿真技术，也是一门极具挑战性的时尚前沿交叉学科，它通过计算机，将计算机仿真技术与计算机图形学、人机接口技术、传感技术、多媒体技术相结合，生成一种虚拟的情境，这种虚拟的、融合多源信息的三维立体动态情境，能够让人们沉浸其中，就像经历真实的世界一样。

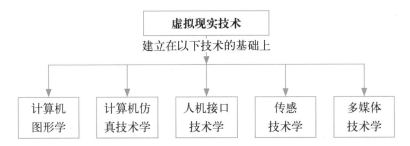

图 1-2 虚拟现实技术的基础技术

那么什么是虚拟现实设备呢？虚拟现实设备与 Oculus Rift、HTC Vive 两类设备相比，其知名度是最高的，大家熟知的 Oculus Rift、HTC Vive 等设备都属于虚拟现实设备。如图 1-3 所示为 Oculus Rift 和 HTC Vive 的示意图。

图 1-3 Oculus Rift 和 HTC Vive 的示意图

专家提醒

可以说，VR 设备其实就是头戴式的显示设备，它可以为用户提供一个完全虚拟却又十分逼真的情境，如果再配合动作传感器，就能够从视觉、听觉以及触感上为用户营造一个让人完全沉浸的空间，让人类的大脑感觉到自己就处在这样的世界里。

1.1.2　什么是增强现实

什么是增强现实？增强现实 (Augmented Reality，AR) 其实是虚拟现实的一个分支，它主要是指把真实环境和虚拟环境叠加在一起，然后营造出一种现实与虚拟相结合的三维情境。

增强现实技术是一种将真实世界的信息和虚拟世界的信息进行"无缝"链接的新技术，通过计算机等技术，将现实世界的一些信息通过模拟后进行叠加，然后呈现到真实世界的一种技术，这种技术使得虚拟信息和真实环境共同存在，大大增强了人们的感官体验，如图 1-4 所示。

图 1-4　增强现实

增强现实和虚拟现实类似，也需要通过一部可穿戴设备来实现情境的生成，比如谷歌眼镜或爱普生 Moverio 系列的智能眼镜，都能实现将虚拟信息叠加到真实场景中，从而实现对现实增强的功能。如图 1-5 所示为谷歌眼镜和爱普生 Moverio 系列的智能眼镜的示意图。

和虚拟现实相比，增强现实的工作方式是在真实世界当中叠加虚拟信息，同时，增强现实技术包含了多种技术和手段，如图 1-6 所示。

图 1-5　谷歌眼镜和爱普生 Moverio 系列的智能眼镜

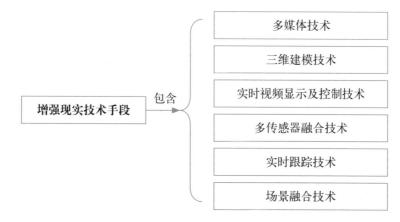

图 1-6　增强现实技术包含的技术和手段

就实用性来说，增强现实技术比虚拟现实技术的实用性更强，增强现实技术主要具有 3 个突出的特点，如图 1-7 所示。同时，增强现实可广泛应用到军事、医疗、建筑、教育、工程、影视、娱乐等领域。

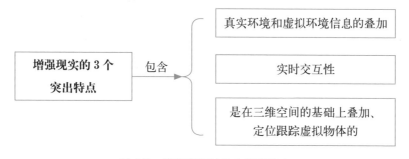

图 1-7　增强现实的 3 个突出特点

本书在后面的章节，将会对增强现实技术进行更为详细的介绍。

1.1.3　什么是混合现实

在虚拟现实、增强现实和混合现实 3 种技术中，最不为人知的一种技术就是混合现实技术 (Mixed Reality，MR)，该技术就是在现实场景中导入虚拟物体或虚拟信息，达到提高用户体验感的目的，相关分析如图 1-8 所示。

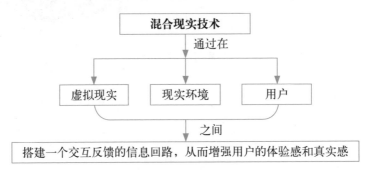

图 1-8　混合现实技术的相关分析

虽然混合现实技术最不为人知，但却是 3 种技术中最容易进入市场的一种技术。和其他两种技术相比，混合现实技术的最大特点是灵活性，而虚拟现实的最大特点是临场感，增强现实的最大特点是实用性，如图 1-9 所示。

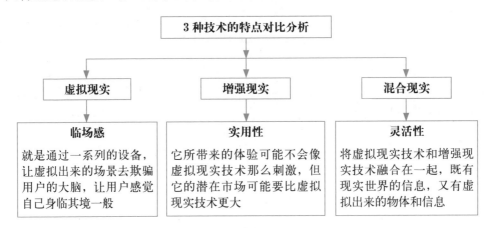

图 1-9　3 种技术的特点对比分析

2016 年，一款非常有趣的游戏诞生了，它就是——《精灵宝可梦 Go(Pokemon Go)》，如图 1-10 所示。

图 1-10　游戏《精灵宝可梦 Go》

　　这款游戏一问世，就受到了人们的大力追捧，它最大的特色就是能够让游戏玩家在现实中通过手机捕捉到可爱的小精灵，它不仅能够激起人们的游戏心理，还能激发人们对《宠物小精灵》动画的追忆。

　　有些人认为，《精灵宝可梦 Go(Pokemon Go)》并不是真正的增强现实游戏，那么它是什么呢？有人觉得它应该是混合现实游戏。接下来让我们来看看增强现实和混合现实的规则对比，如图 1-11 所示。

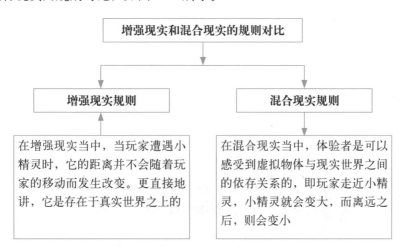

图 1-11　增强现实和混合现实的规则对比

　　通过增强现实与混合现实的对比，可以发现两者之间最大的区别是"透视法则"。什么是"透视法则"？这是素描中常常听到的一个词语，该法则能够帮助人们在平面的纸上看到三维的立体视觉效果，即像现实的一部分一样。

　　因此，混合现实就是遵守现实的"透视法则"的一种技术，让虚拟信息和现实环境融为一体，并且虚拟信息和现实世界之间存在着一定的依存关系。不过，就目前来说，混合现实的相关研究还需要更进一步的证实和探讨。

1.2　VR 的 4 个特点

虚拟现实技术是多种技术的结合，因此，它具有如图 1-12 所示的 4 个特征。

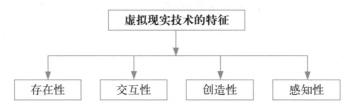

图 1-12　虚拟现实技术的特征

下面为读者具体介绍虚拟现实的这些主要特征。

1.2.1　VR 之存在性

虚拟现实技术是根据人类的各种感官和心理特点，通过计算机设计出来的 3D 图像，它的立体性和逼真性，让人一戴上交互设备就如同身临其境，仿佛与虚拟环境融为一体了，最理想的虚拟情境是让人分辨不出环境的真假，如图 1-13 所示。

图 1-13　虚拟现实技术让人如同置身于真实的情境中

1.2.2 VR 之交互性

虚拟现实中的交互性是指人与机器之间的自然交互，人通过鼠标、键盘或者传感设备感知虚拟情境中的一切事物，而虚拟现实系统能够根据使用者的五官感受及运动，来调整呈现出来的图像和声音，这种调整是实时的、同步的，使用者可以根据自身的需求、自然技能和感官，对虚拟环境中的事物进行操作，这种自然交互性总结如图 1-14 所示。

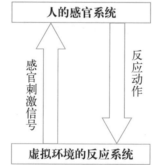

图 1-14　虚拟现实的交互性总结

1.2.3　VR 之创造性

　　虚拟现实中的虚拟环境并非是真实存在的，它是人为设计创造出来的，但同时，虚拟环境中的物体又是依据现实世界的物理运动定律而运动的，例如虚拟街道场景，就是根据现实世界的街道运动定律而设计创造的，如图 1-15 所示。

图 1-15　虚拟街道场景

1.2.4　VR 之感知性

　　在虚拟现实系统中，通常装有各种传感设备，这些传感设备包括视觉、听觉、触觉上的传感设备，未来还可能创造出味觉和嗅觉上的传感设备，除了五官感觉上的传感设备之外，还有动觉类的传感设备和反应装置，这些设备让虚拟现实系统具备了多感知性功能，同时也让使用者在虚拟环境中获得多种感知，仿佛身临其境一般。如图 1-16 所示为虚拟现实的感知手柄。

图 1-16　虚拟现实的感知手柄

1.3　VR 的 4 个分类

按照功能和实现方式的不同，可以将虚拟现实系统分成 4 类，如图 1-17 所示。

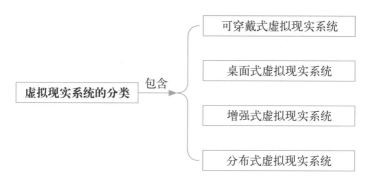

图 1-17　虚拟现实系统的分类

1.3.1　虚拟现实分类一：可穿戴式

可穿戴式虚拟现实系统又被称为"可沉浸式虚拟现实系统"，人们通过头盔式的显示器等设备，进入一个虚拟的、创新的空间环境中，然后通过各类跟踪器、传感器、数据手套等传感设备，参与到这个虚拟的空间环境中，如图 1-18 所示。

图 1-18　可穿戴式虚拟现实系统让人身临其境

可穿戴式虚拟现实系统的优点和缺点如图 1-19 所示。

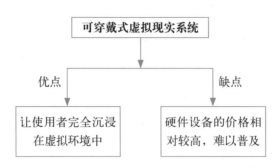

图 1-19　可穿戴式虚拟现实系统的优点和缺点

1.3.2　虚拟现实分类二：桌面式

桌面式虚拟现实系统主要是利用计算机或初级工作站进行虚拟现实工作，它的要求是让参与者通过诸如追踪球、力矩球、3D 控制器、立体眼镜等外部设备，在计算机窗口上观察并操纵虚拟环境中的事物，如图 1-20 所示。

图 1-20　桌面式虚拟现实系统

桌面式虚拟现实系统的优点和缺点如图 1-21 所示。

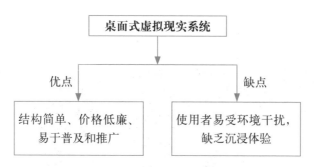

图 1-21　桌面式虚拟现实系统的优点和缺点

1.3.3　虚拟现实分类三：增强式

增强式虚拟现实系统其实就是笔者在前面提到的增强现实技术，增强式虚拟现实系统大大地增强了人们的感官体验，如图 1-22 所示。

图 1-22　增强式虚拟现实系统

1.3.4　虚拟现实分类四：分布式

分布式虚拟现实系统又称共享式虚拟现实系统，它是一种基于网络连接的虚拟现实系统，它是将不同的用户通过网络连接起来，共同参与、操作同一个虚拟世界中的活动。例如，异地的医学生可以通过网络对虚拟手术室中的病人进行外科手术；不同的游戏玩家可以在同一个虚拟游戏中进行交流、打斗或组织，如图 1-23 所示。

图 1-23　分布式虚拟现实系统

分布式虚拟现实系统的特点包括以下几点。

- 资源共享。
- 虚拟行为真实感。
- 实时交互的时间和空间。
- 与他人共享同一个虚拟空间。
- 允许用户自然操作环境中的对象。
- 用户之间可以以多种方式进行交流。

第2章

技术与研究：虚拟现实的技术与研究状况

学前提示

虚拟现实技术系统包括模拟环境系统、感知系统和传感设备等，它是多种技术的综合，主要包括：实时三维图形生成技术、立体显示技术、传感反馈技术、语音输入输出技术等。本章主要为大家介绍支撑虚拟现实的技术系统和国内外的研究状况。

要点展示

▶ 虚拟现实技术系统的组成

▶ 虚拟现实的根基

▶ 国内国外研究状况

2.1 虚拟现实技术系统的组成

虚拟现实技术系统的组成主要包括如图 2-1 所示的几方面。

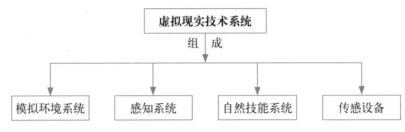

图 2-1　虚拟现实技术系统的组成

下面笔者重点为大家介绍虚拟现实技术系统的组成。

2.1.1 模拟环境系统

虚拟现实的模拟环境系统就是虚拟情境，是由计算机生成的动态 3D 立体图像，其最大的特点是逼真，包括水环境系统模拟、空间环境系统模拟、建筑环境系统模拟等多维度的内容。

例如，在虚拟现实城市中，需要模拟的环境系统包括交通道路、大厦、天空、地标建筑、树木花草、公园、河流等，只有将这些虚拟情境通过系统模拟出来，才能让人们看到逼真的视觉效果。如图 2-2 所示为虚拟现实城市示意图。

图 2-2　虚拟现实城市示意图

再如，在游戏的虚拟情境中，开发者就要将游戏相关的环境给模拟出来，让玩家在游戏中体会到身临其境的感受，例如 Oculus Rift 平台上的一款《无处可逃(Edge of Nowhere)》游戏，如图 2-3 所示，主人公要翻越一座座未知的山峰，然后在绝境中化险为夷。在这款虚拟现实游戏中，就需要将惊险的山峰环境模拟出来，让玩家身临其境。

图 2-3 　《无处可逃 (Edge of Nowhere)》虚拟游戏

2.1.2　感知系统

在虚拟现实系统中，用户可以通过虚拟现实头盔看到一个虚拟的物品，但是却无法抓住它，因为它是不存在的，只是一个虚拟的东西，但是利用感知系统，用户可以感受到这个物品，并且用手抓住它，就好像它真的存在一样。

什么是感知系统？感知系统是帮助用户对虚拟情境产生感觉的系统，除计算机图形技术生成的视觉感知外，还有听觉、触觉、力觉、嗅觉和味觉等一切人类感知。例如，要解决触觉这一问题，在虚拟现实中最常用的方式是模拟触觉，即在手套内安装一些可振动的触点，当人们在实行某些动作的时候，这些触点就会启动，让人感觉像真实的触感一样。如图 2-4 所示为通过动作控制虚拟物体的虚拟现实手套。

图 2-4　虚拟现实手套

2.1.3　自然技能系统

在虚拟现实中，还需要一个能够处理人头部动作、眼睛、手势行为的系统，这个系统就是自然技能系统，该系统的主要原理是：通过处理与参与者的动作相适应的一系列数据，将处理后的信息运作到整个虚拟现实系统中，让虚拟现实系统对该用户的输入做出实时反馈，并送达用户的五官中。

2.1.4　传感设备

在虚拟现实中，传感设备是非常重要的一类装置，它被广泛地应用在虚拟现实中，虚拟现实中的传感设备主要包括两部分，如图 2-5 所示。

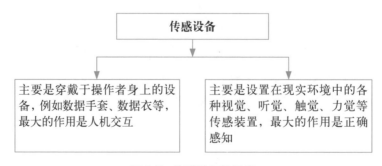

图 2-5　传感设备的组成

传感器主要用于传达触觉和力觉方面的感知，当使用者戴上数据手套、穿上数据衣服之后，能够在虚拟现实情境中，感受到虚拟的事物，并产生触觉和力觉方面的感知，如图 2-6 所示。

图 2-6　虚拟现实中的触觉和力觉体验

专家提醒

　　传感器在惯性动作捕捉系统的应用包括：加速计、陀螺仪、磁力计、近距离传感器等。

2.2　虚拟现实的根基

虚拟现实技术就是虚拟现实的根基，它有哪些呢？本节主要为大家介绍以下几类虚拟现实技术，如图 2-7 所示。

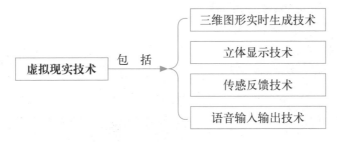

图 2-7　虚拟现实技术

2.2.1　三维图形实时生成技术

现在，利用计算机模型产生三维图形的技术已经十分成熟，但是在虚拟现实系统中，要求这些三维图形能够达到实时的目的却并不容易。

例如在飞行虚拟系统中，想要达到实时的目的，那么图像的刷新频率就必须达到一定的速度，同时对图像的质量也有很高的要求，再加上复杂的虚拟环境，想要实现实时三维图形生成就十分困难了。因此，图形刷新频率和图形质量的要求是该技术的主要内容。

2.2.2　立体显示技术

在虚拟现实系统中，用户戴上特殊的眼镜，两只眼睛看到的图像是单独产生的，例如一只眼睛只能看到奇数帧图像，另一只眼睛只能看到偶数帧图像，这些图像分别显示在不同的显示器上，这样奇数帧、偶数帧之间的不同就在视觉上产生了差距，从而呈现出立体感效果。

因为广角立体显示技术，让人们能够感受到逼真、立体的虚拟现实画面，在视觉感知方面，虚拟现实已经做得十分成熟了，当用户戴上头盔后，就能在虚拟环境里体验到丰富的视觉效果，例如看到立体的恐龙、月球表面、海里的鲨鱼等。如图 2-8 所示为虚拟现实游戏中的视觉享受。

图 2-8　虚拟现实游戏中的视觉享受

2.2.3　传感反馈技术

在虚拟现实系统中，用户可以通过一系列传感设备对虚拟世界中的物体进行五感的体验。

例如，用户通过虚拟现实系统看到了一个虚拟的杯子，在现实生活中，人们的手指是不可能穿过任何杯子的"表面"的，但在虚拟现实系统中却可以做到，并且还能感受到握住杯子的感觉，这就是传感反馈技术实现的触觉效果，通常人们要佩戴安装了传感器的数据手套，如图 2-9 所示。

图 2-9　传感反馈技术

2.2.4　语音输入输出技术

在虚拟现实系统中，语音的输入输出技术就是要求虚拟环境能听懂人的语言，并能与人实时互动，但是要做到这一点是十分困难的，必须解决效率问题和正确性问题。

除了虚拟环境与人进行实时互动之外，在虚拟现实中，语音的输入输出技术还包括用户听到的立体声音效果。

音效是很重要的一个环节，现实中，人们靠声音的相位差和强度差来判断声音的方向，因为声音到达两只耳朵的时间或距离有所不同，所以当人们转头时，依然能够正确地判断出声音的方向，但是在虚拟现实中，这一理论并不成立，因此，如何创造更立体、更自然的声效，来提高使用者的听觉感知，创造更真实的虚拟情境，是虚拟现实需要解决的问题。

著名音频厂商森海塞尔就拿出了一套解决方案，来展示声音对于虚拟现实的重要性，这套解决方案的名称叫作"Ambeo"。Ambeo 是什么？用森海塞尔 CEO 的话来说，它就是一种针对不同类型环境的音频伞，在虚拟现实的应用中，Ambeo 带来的音效无比震撼，让人身临其境。

2.3　国内国外研究状况

虚拟现实技术已经被应用在各国的各种领域，例如医疗领域、游戏领域、军事航天领域、房产开发领域、室内设计领域等，本节将为读者介绍虚拟现实技术在各国的研究及应用情况。

2.3.1　国外研究状况

关于虚拟现实技术在国外的研究成果和发展，主要以美国、英国和日本为例进行阐述。

1. 美国

美国是虚拟现实技术的发源地，其研究水平基本上可以代表国际虚拟现实技术的发展水平，目前美国在该领域的基础研究主要集中在如图 2-10 所示的 4 个方面。

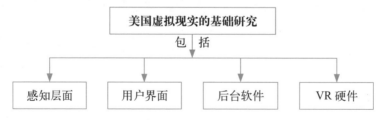

图 2-10　美国在 VR 领域的基础研究

美国宇航局的 Ames 实验室的研究内容主要包括如图 2-11 所示的几点。

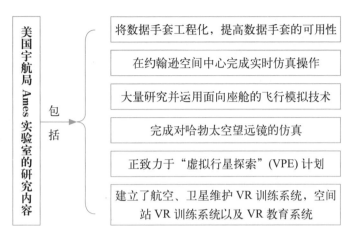

图 2-11　美国宇航局的 Ames 实验室的研究内容

除了美国宇航局在虚拟现实领域的研究以外，美国各个大学也在这方面展开了深入的研究，如图 2-12 所示。

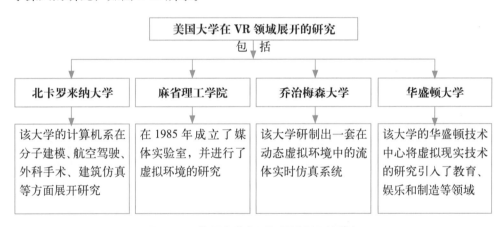

图 2-12　美国大学在 VR 领域展开的研究

2. 英国

英国主要在分布并行处理、辅助设备（包括触觉反馈）设计和应用研究等方面领先，到 1991 年年底，英国已经有 4 个从事 VR 技术的研究中心，如图 2-13 所示。

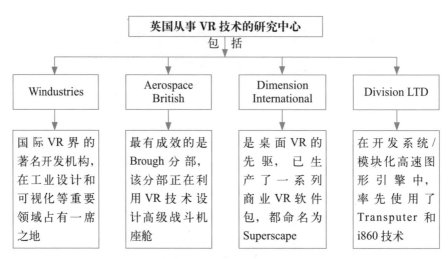

图2-13　英国的4个从事VR技术的研究中心

3. 日本

日本主要致力于大规模的VR知识库的研究和虚拟现实游戏方面的研究，主要的研究内容如图2-14所示。

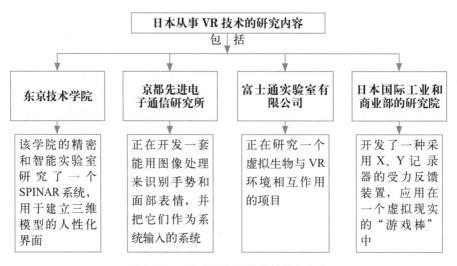

图2-14　日本从事VR技术的研究内容

除了以上这些企业外，东京大学的各个研究所也在这方面展开了深入的研究，如图2-15所示。

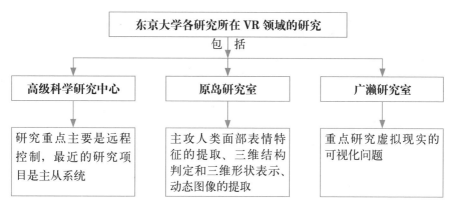

图 2-15　京东大学各研究室在 VR 领域的研究

2.3.2　国内研究状况

虽然我国在 VR 领域的研究起步较晚，但是随着高科技的发展和互联网应用的扩展，VR 技术目前已经引起了我国科学家的高度重视。

我国的一些重点院校也在这方面展开了深入研究，譬如北京航空航天大学计算机系，研究了包括如图 2-16 所示的内容。

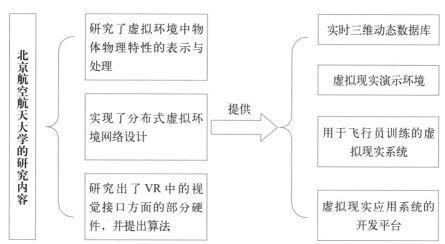

图 2-16　北京航空航天大学在 VR 领域的研究内容

除了北京航空航天大学在 VR 领域展开了研究之外，很多其他的重点大学也在这方面展开了研究，如图 2-17 所示。

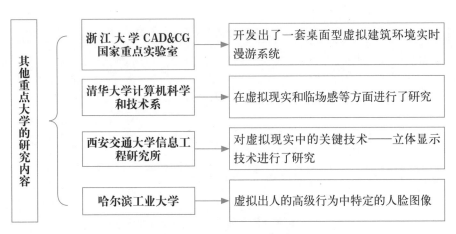

图 2-17　其他重点大学的研究内容

2.3.3　虚拟现实应用领域

21 世纪，虚拟现实技术作为一门科学技术会越来越成熟，并且在各行各业都会得到广泛应用，这主要源于以下两方面原因。

- 虚拟现实方案成本在降低。
- 虚拟现实的商业模式和生态链正在慢慢成熟。

未来，虚拟现实技术会在如图 2-18 所示的行业中发挥巨大优势。

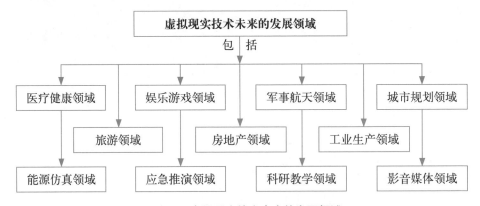

图 2-18　虚拟现实技术未来的发展领域

第 3 章

AR：把虚拟现实套在现实世界中

学前提示

　　增强现实，它是一种将真实世界的信息和虚拟世界的信息，通过电脑技术，模拟仿真后再叠加，实现"无缝"集成的新技术。本章笔者主要为大家介绍增强现实技术的知识。

要点展示

▶ 增强现实阐述

▶ 增强现实相关的介绍

▶ 增强现实的具体应用

3.1　增强现实阐述

在前面的章节，笔者对增强现实的概念有了一定的阐述。什么是增强现实技术？增强现实技术就是将现实信息和虚拟信息集合起来的一种技术。下面将从组成形式和工作原理两个方面对增强现实进行详细阐述。

3.1.1　组成形式

通常来说，不论是虚拟现实系统，还是增强现实系统，都是由一系列紧密联系的硬件、软件协同实现目标的。对于增强现实系统来说，主要的组成形式如图 3-1 所示。

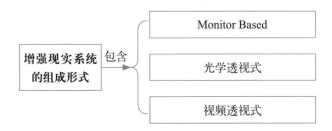

图 3-1　增强现实系统的组成形式

下面笔者将对这 3 种组成形式进行简单介绍。

1. Monitor Based

Monitor Based 增强现实系统是一套最简单实用的 AR 实现方案，其主要原理如图 3-2 所示。

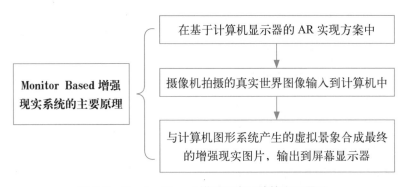

图 3-2　Monitor Based 增强现实系统的主要原理

Monitor Based 增强现实系统是被研究者们采用得最多的一种系统，因为这套方案对硬件的要求比较低，这是 Monitor Based 系统的优势，但是 Monitor Based 系统也有缺点，即它不能给用户带来太多的沉浸感。

2. 光学透视式和视频透视式

在增强现实系统中，为了增强用户的沉浸感，研究者们也采用了类似的显示技术，即它就是穿透式 HMD(Head – mounted Displays)，而且根据具体实现原理，可以将穿透式 HMD 分为两大类，如图 3-3 所示。

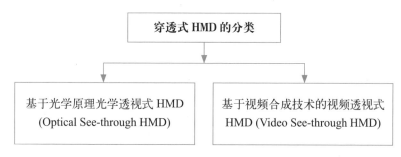

图 3-3　穿透式 HMD 的分类

3. 三种组成形式的信息传输通道

在 Monitor Based 系统方案和视频透视式系统方案中，输入计算机中信息的有两个通道传输，如图 3-4 所示。

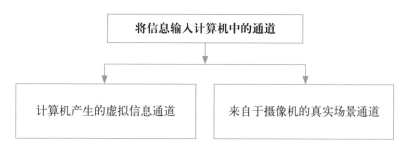

图 3-4　将信息输入计算机中的通道

而在基于光学透视式 HMD(Optical See-through HMD) 实现方案中，主要是以光学的方法合成，如图 3-5 所示。

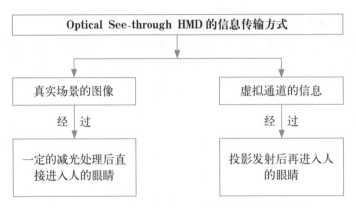

图 3-5　Optical See-through HMD 的信息传输方式

4.3 种组成形式的比较

在性能上，3 种组成形式各有利弊，下面从两个方面进行介绍。

1) 系统延迟对比

● 在 Monitor Based 增强现实系统和视频透视式系统中，因为是通过摄像机来获取真实场景的图像，然后在计算机中实现虚拟现实图像的合成和输出，所以其最大的利弊如图 3-6 所示。

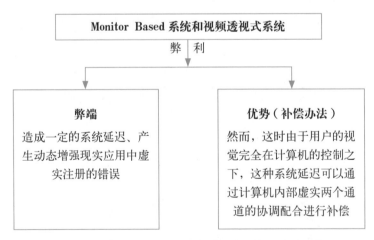

图 3-6　Monitor Based 系统和视频透视式系统的利弊

● 基于光学透视式的虚拟现实系统中，由于真实场景图像不受计算机控制，因此没有办法补偿系统延迟。

2) 虚实注册的辅助对比

对于虚实注册的辅助对比情况如图 3-7 所示。

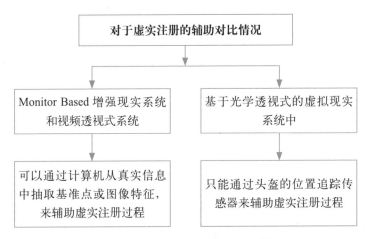

图 3-7　对于虚实注册的辅助对比情况

3.1.2　工作原理

在早期，增强现实系统的基本理念就是将感官增强功能添加到真实环境中，看似很简单，其实不然，后来，有研究者对增强现实的工作原理进行了完善，如图 3-8 所示。

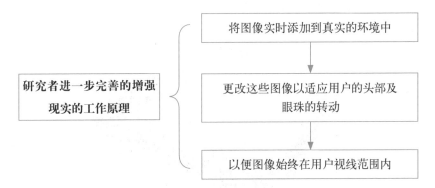

图 3-8　研究者进一步完善的增强现实的工作原理

通常，想要让增强现实系统正常工作需要 3 个组件，这 3 个组件和它们的重要作用如图 3-9 所示。

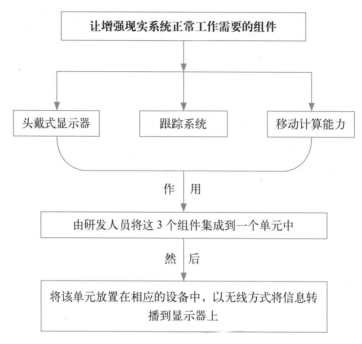

图 3-9　让增强现实系统正常工作需要的组件

下面来了解一下这个系统中的每个组件。

1. 头戴式显示器

头戴式显示器是一种戴在头上的设备，它能给人们显示出图像信息和色彩信息，有头盔形式的，也有眼罩形式的。如图 3-10 所示为（眼罩）头戴式显示器。

图 3-10　（眼罩）头戴式显示器

头戴式显示器可以被应用在很多方面，最常应用的领域如下。

- 游戏领域。
- 医学领域。
- 军事领域。
- 娱乐领域。

应用在游戏领域主要是为了增加玩家的趣味性和逼真效果，让玩家在游戏中体验到"身临其境"的感觉。

应用在医学领域主要是为了给医生提供绝佳的实验、观看和感知的条件，例如索尼公司发布的一款医疗头戴式显示器（型号：HMM-3000MT)，这款头戴式显示器能够帮助医生查看病人体内的病理图像，比起传统的显示屏查看方式，这种方式在诊疗距离和诊疗方式上更加利于医生实行诊疗。

应用在娱乐领域主要是体现在影视、音乐、比赛等方面，让人们在旅途中可以享受到无比震撼的视觉盛宴。

在军事上主要包括两方面的应用：军事航空和数据士兵。如图 3-11 所示为头戴式显示器在军事上的应用。

图 3-11　头戴式显示器在军事上的应用

专家提醒

　　头戴式显示器的主要原理是：通过光学系统放大超微显示屏上的图像，然后再近距离将画面投射到人的眼睛里。

2. 跟踪系统

在增强现实中,用来捕捉人头部运动的头部跟踪系统是一个非常重要的系统,其实现主要有两种方式,如图 3-12 所示。

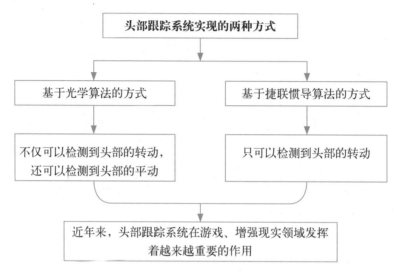

图 3-12　头部跟踪系统实现的两种方式

3. 移动计算能力

随着移动通信、互联网等技术的兴起,移动计算也渐渐发展成为一门新兴技术。在计算技术研究领域中,移动计算是一个热点,它凭借其范围广、多学科交叉等特点成为对未来产生深远影响的四大技术之一。移动计算的核心理论如图 3-13 所示。

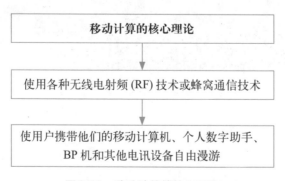

图 3-13　移动计算的核心理论

移动计算技术的主要作用包括两点，如图 3-14 所示。

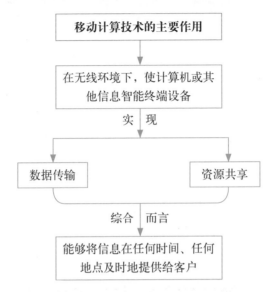

图 3-14　移动计算技术的主要作用

与固定网络上的分布计算相比，移动计算主要具有以下几大特点，如图 3-15 所示。

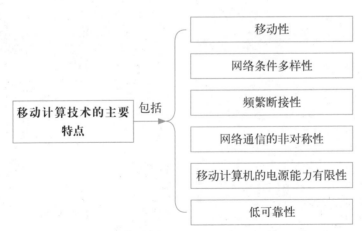

图 3-15　移动计算技术的主要特点

目前增强现实系统的信息转播能力，都是通过移动计算能力来处理的，它能够在无线的情况下，将信息转播到显示器上，然后让人们在显示器上看到流畅清晰的增强现实图像。

3.2 增强现实相关的介绍

与增强现实相关的产品有很多，譬如增强现实游戏 Ingress、智能设备 Google Glass、头戴式显示器、视频透视式显示器、跟踪系统、图形处理器等，头戴式显示器、视频透视式显示器和跟踪系统在前面的内容中已讲解，下面为大家介绍其他内容。

3.2.1 增强现实游戏 Ingress

增强现实游戏 Ingress 是由谷歌自家工作室 Niantic Labs 于 2013 年发布的一款增强现实游戏，如图 3-16 所示。这款基于地图的移动在线游戏，可以连通全世界的玩家，在该增强现实游戏中，玩家可以选择自己喜欢的两种角色，这两种角色互相对立，分别是："支持能量"角色和"反对能量"角色。

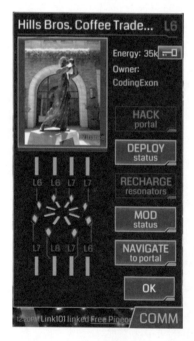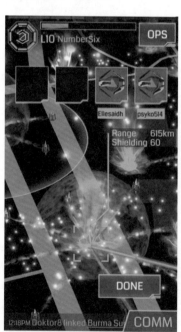

图 3-16　增强现实游戏 Ingress

这款全世界用户都能玩的游戏，主要是通过在地图上将能量热点区域连接起来，然后创建保护区，从而实现在现实生活中进行战斗。

在游戏的宣传片中，谷歌通过大量的镜头来描绘智能手机对人们生活的影响，它将改变人们的生活习惯，也将改变人们的交流方式，例如：

● 聚餐的时候，不再像从前那样热闹喧嚣，而是每个人都在低头看手机。

● 选择去 KTV 或者户外场所开展休闲娱乐活动的人少了，大家都在家里，隔着屏幕与另一端的人们进行交流。

智能手机闯进了人们的视野，然后改变了人们的生活习惯，而为了提高人们的虚拟互动体验，一种新技术诞生了，它就是增强现实技术，然后 Ingress 发布了，游戏宣传片中的标语是：你所看到的世界并不是真实的模样……

当人们进入游戏的时候，首先需要根据剧情选择自己的阵营，基于谷歌强大的地图属性，Ingress 的背景就是在地球上，游戏的主要模式就是围绕着两大阵营抢夺资源与阻止对方收集资源来展开。游戏靠单打独斗是绝对行不通的，它讲究的是团队协同性与战术部署性。

有人认为，Ingress 的成功主要归功于两个方面的原因，如图 3-17 所示。

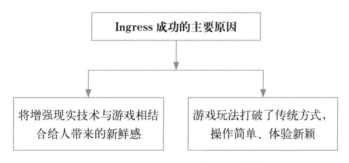

图 3-17　Ingress 成功的主要原因

在增强现实游戏中，Ingress 算是启蒙者，它的精髓在于与其他玩家的互动，而且可以让玩家去很多不为人知的地方，有不少玩家表示，自从玩了 Ingress 这个游戏之后，有时候需要跑遍大半个城市去获取相应的信息，这样的行为，让他们了解到了很多曾经被忽略的小地方，如某个小巷、某个有趣的花园等，这让他们的生活变得更加有趣。

专家提醒

Ingress 虽然没有华丽的音效及炫酷的战斗画面，但是让玩家真正领略到增强现实游戏的魅力。

而最近慢慢火爆起来的 Pokemon GO 也是一款增强现实游戏，两者相比，存在如图 3-18 所示的区别。

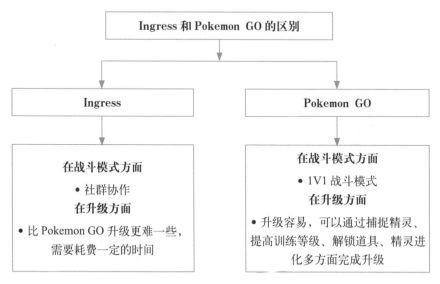

图 3-18　Ingress 和 Pokemon GO 的区别

3.2.2　智能设备 Google Glass

2012 年 4 月，谷歌公司发布了一款增强现实智能眼镜——Google Glass，如图 3-19 所示。

图 3-19　Google Glass

该眼镜和智能手机一样，集相机、GPS 导航、收发短信等功能于一身，能够实现如图 3-20 所示的一系列操作。

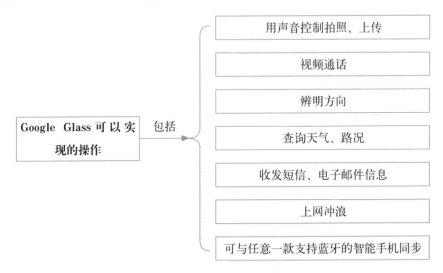

图 3-20　Google Glass 可以实现的操作

Google Glass 的主要结构包括两部分，如图 3-21 所示。

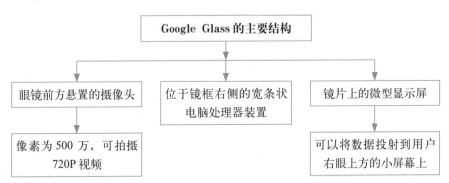

图 3-21　Google Glass 的主要结构

除了图 3-21 所说的 3 大结构之外，还有一条横置于鼻梁上方、可进行调整的平行鼻托，鼻托通过电容来辨别眼镜是否被佩戴。

Google Glass 的相关性能如下所示。

- 重量：约几十克。
- 内存：682MB。
- 总存储容量：16GB。

- 使用的操作系统：Android 4.0.4。
- 音响系统：采用骨导传感器。
- 网络连接支持：蓝牙和 Wifi。
- CPU：德州仪器生产的 OMAP 4430 处理器。

专家提醒

　　Google Glass 配套的 My Glass 应用需要 Android 4.0.3 或者更高的系统版本，同时 My Glass 应用需要打开 GPS 和短信发送功能。

　　Google Glass 实际上就是微型投影仪＋摄像头＋传感器＋存储传输＋操控设备的结合体。它的主要原理是光学反射投影原理 (HUD)，如图 3-22 所示。

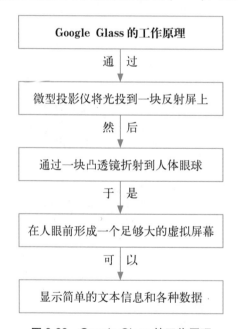

图 3-22　Google Glass 的工作原理

　　Google Glass 设备的操控方式主要有 3 种，分别是：语音操控、触控、自动操控。Google Glass 的主要特点有如图 3-23 所示的 9 点。

包含高科技	Google Glass 包括蓝牙、扬声器、照相机、麦克风、触摸盘等多项高科技功能和技术，功能十分强大
多种触发手段	用户可以通过语音来启动设备，也可以通过手指来启动设备，如果是语音启动，直接说"ok，glass"即可；还可以通过口令启动视频和相机，如果想选择菜单，使用侧面的触摸垫即可
解放双手	用户不需要像传统拍照方式那样用手举着相机或手机，直接通过语音指令就可以实现拍照功能，同时，在观看比赛的时候，用户可以进行实时摄像
随时待命	Google Glass 可以随时连接网络，强大的音频输入允许用户快速处理文字信息、执行添加视频和图片等操作，用户不用拿出手机，就可以通过移动连接进行发送
导航功能	不论是开车还是行走，Google Glass 都可以通过导航功能帮助用户实现实时实景的导航，让用户不再迷路
本地服务	在国外，Google Glass 可以帮助用户很好地转化货币
信息采集	Google Glass 最强大的功能是可实时信息采集，包括路况、行程安排等，给予用户贴心的服务
兼容功能	Google Glass 作为第三方设备，能够兼容 Android 和 iOS 系统，用户可以不用掏出手机，就能接听电话
外观时尚	Google Glass 外观设计得非常时尚，很有科技大片里的高科技产品的感觉，Google Glass 一共拥有 5 种不同的颜色，用户可以根据喜好随意挑选

图 3-23　Google Glass 的主要特点

3.3 增强现实的具体应用

增强现实技术被应用在很多领域，最常见的是游戏、娱乐等领域，而且在飞行、医疗等领域对人们也很有价值。本节为大家介绍增强现实技术的一些实际应用情况。

3.3.1 AR：Pokémon GO 成现象级游戏

在增强现实游戏 Pokémon GO 登陆英国之后，很多游戏玩家走出家门，纷纷在不同的地方，例如酒店的角落、地铁里，试图抓住城市中无所不在的雷电球 (Voltorb) 和小磁怪 (Magnemite)，如图 3-24 所示。

图 3-24 增强现实游戏 Pokémon GO

Pokémon GO 在美国上线之初就立刻揽获了大量移动游戏用户，而且它还让整个美国手游市场的付费用户数量翻了一倍，这就是 Pokémon GO 的魅力所在，而 Pokémon GO 之所以能够如此成功，是因为其颠覆性的创新模式深深地吸引了玩家用户，例如突破"宅男""宅女"的游戏规则，打造新的移动游戏方式；基于 LBS 的人流聚集与人流控制计划等。

下面对 Pokémon GO 的魅力和成功要素进行详细阐述，如图 3-25 所示。

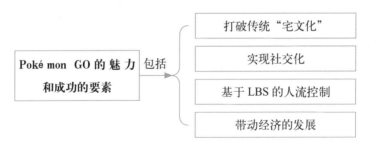

图 3-25　Pokémon GO 的魅力和成功的要素

1. 打破传统"宅文化"

Pokémon GO 游戏中，有一个精灵蛋的孵化玩法，这个玩法设定了一个机制，就是要求玩家必须保持每小时 10 公里以下的速度，同时符合一定的公里数才能有效，因此玩家就必须打破以往玩游戏时宅在家里的情况，走到马路上到处闲逛。

Pokémon Go 这种只有走出户外、活动起来才能完成的任务模式，瞬间打破了限制玩家行动的游戏规则，让大多的"宅男""宅女"走到街上，进行徒步运动，不仅让人们享受到了游戏的乐趣，还让人们享受到了健康的运动。

2. 实现社交化

除了打破限制人们出门走动的游戏规则之外，Pokémon GO 还是一款让现实社交成为可能的游戏，传统的游戏往往都是虚拟的网络社交模式，但是 Pokémon GO 却让人们在现实生活中走到了一起，玩家通过将收集的神奇宝贝碰到一起，可以实现如图 3-26 所示的功能。

图 3-26　将神奇宝贝碰在一起可以实现的功能

专家提醒

移动时代下，互联网将人们"禁锢"在室内的同时，也在慢慢削弱他们在现实生活中的社交能力，而 Pokémon Go 却能将这批宅在家里的人从室内"解放"出来。

3. 基于 LBS 的人流控制

在 Pokémon Go 中，设有 LBS 功能，通过该功能，Pokémon Go 可以轻松有效地控制人流疏密程度，它是怎么做到的呢？主要方式如图 3-27 所示。

图 3-27 Pokémon Go 的人流疏密控制方式

4. 带动经济的发展

有人提出，Pokémon Go 游戏的产业发展带动系数大约为 1：5，该系数是什么意思呢？就是游戏可以带动景点周边餐饮、旅游等产业的 5 倍收入，即游戏的收入如果是 1，那么这些相关产业的收入就是 5。

Pokémon Go 还设置了基于现实定位的补给站和道场，为周边商家带来不少客流。其中，最先行动起来的要属日本麦当劳和软银公司，如图 3-28 所示。

图 3-28 Pokémon Go 与日本麦当劳和软银公司的合作

日本麦当劳和软银公司一共将旗下的 6700 家商店开放，作为 Pokémon Go 补给站或者道场，进一步拓展了 Pokémon Go 的收入渠道。

3.3.2　AR：iPhone7 双摄像头的影响

2016 年 9 月 7 日，在苹果新品发布会上，正式揭露了 iPhone 7 Plus 配备双摄像头的结果，有人说："iPhone 7 Plus 的双摄像头配置，似乎在向人们昭示着：数百万的消费者将把 AR 设备揣进自己的口袋。"

在虚拟现实、增强现实技术慢慢崭露头角之后，苹果也在这个行业耕耘了数年，最受人瞩目的一次是苹果以 2500 万美元收购以色列公司 LinX，LinX 是一家专注于开发和销售面向平板电脑和智能手机的小型化摄像头的公司，其主要发展的产品和攻克的技术性能包括如图 3-29 所示内容。

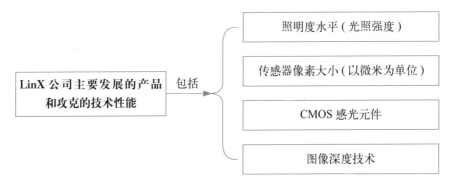

图 3-29　LinX 公司主要发展的产品和攻克的技术性能

iPhone 7 Plus 的双摄像头系统可能就是建立在 LinX 的摄像技术上的，对于 3D 扫描和 AR 应用来说，其主要的功能如图 3-30 所示。

图 3-30　iPhone 7 Plus 双摄像头的主要功能

下面笔者将为大家介绍双摄像头对 iPhone 7 Plus 来说，可以在哪些方面给它带来优势。

1. 深度图片带来便利

人类因为眼睛的构造可以清晰地了解到物体距离自己的远近，但是对于电子科技产品来说，想要感知到事物的距离却不是一件容易的事情。

但是 iPhone 7 Plus 的双摄像头可以用来测量房间的大小，让用户获得精准的房间数据，这样一来，对居家生活就带来了很多便利，例如，如果用户想要在卧室换一张床，可以执行如图 3-31 所示的操作。

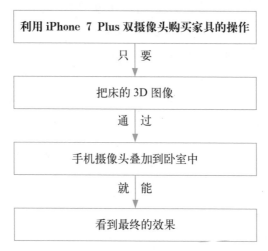

图 3-31　利用 iPhone 7 Plus 双摄像头购买家具的操作

专家提醒

用户可以通过 iPhone 7 Plus 双摄像头准确计算深度，然后创建深度图，帮助人们打开一个增强现实的世界：将计算机生成的图像直接叠加到现实世界中。

2. 手势识别潜能运用

除了计算深度，创建出深度图之外，iPhone 7 Plus 双摄像头的另一项潜能运用是手势识别，手势识别和深度感应技术结合在一起，能够让人们更接近 AR 的世界。

3. iWatch 玩转 AR 游戏

除了双摄像头以外，苹果公司还有另一个技术产品能够让用户把玩 AR 技术，那就是——iWatch。

众所周知，新一代的 apple watch 可以支持增强现实游戏 Pokémon GO，通过 apple watch，用户可以实现如图 3-32 所示的一系列操作。

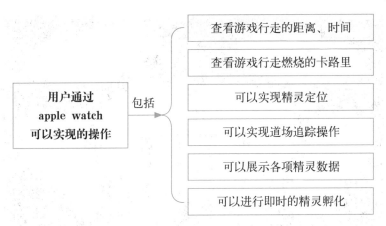

图 3-32　用户通过 apple watch 可以实现的操作

3.3.3　AR：帮助飞行员识别天气灾害

在直升机营救活动中，迷雾、暴风雪等恶劣天气往往会成为阻碍营救、导致营救失败的最主要因素。

2016 年，慕尼黑工业大学 (Technical University of Munich，TUM) 研发了一款全新的 AR 视觉系统，该系统包括头显（内置特殊眼镜）和与屏幕相连的传感器部件，其主要投射原理如图 3-33 所示。

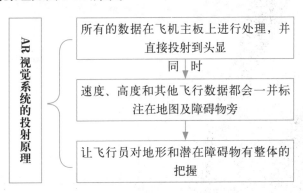

图 3-33　AR 视觉系统的投射原理

此外，飞行员戴上头部追踪系统，就能保证无论是往哪个角度转头，都能看到投射内容，也就是说，投射可以随着飞行员的视线进行调整。如图 3-34 所示为该 AR 系统研究的模拟机舱内部情况。

图 3-34　AR 系统的模拟机舱内部情况

慕尼黑工业大学研发的这款全新的 AR 视觉系统，能够帮助飞行员更快地识别出天气灾害，当他们的视线被白茫茫的云雾遮挡时，只要打开内置眼镜，就会看到红色和绿色遍布的数字图像，其中红色代表风眼或建筑，绿色代表山峦和房屋。如图 3-35 所示为戴上内置眼镜后看到的情景。

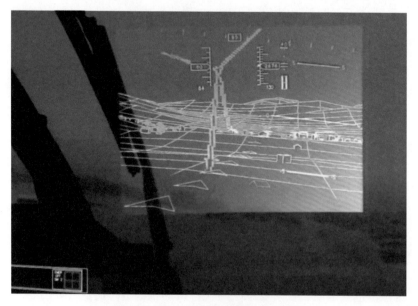

图 3-35　戴上内置眼镜后看到的情景

3.3.4 AR 耳机：更智能地操纵声音

为了阻止噪音污染，人类发明了降噪耳塞、降噪耳机，戴上降噪耳机或耳塞之后，可以将外界的噪音全都阻隔在外，让人们感受到"世界清净"的愉悦，但是随着人们对周遭环境感觉的缺失，往往让自己陷入危险之中。

因此，只有智能地操控声音，实现主动降噪，才能在预防风险的情况下，给人们带来更好的产品体验。

2016 年，Doppler 实验室针对智能操控声音操作做了两件事，如图 3-36 所示。

图 3-36　Doppler 实验室的主要事件

Doppler 实验室发布的这款降噪耳机 Here One 主要是通过多个对外收音麦克风与算法的结合，从而达到"降噪"效果的，和传统的用相反声波的方式来降噪的耳机相比，Here One 更容易让人接受，如图 3-37 所示为 Here One 耳机。

图 3-37　Here One 耳机

从外观上看，这款全无线耳机比纽扣略大一些，与其他耳机最大的区别在于：Here One 耳机机身正面采用了一种类似"麦克风"形状的网状设计，在这块网状面板的背后，是数个用于降噪的"麦克风"，其降噪流程如图 3-38 所示。

图 3-38 Here One 耳机的降噪流程

Doppler 实验室对 Here One 做出的最大的改进就是增强现实的应用，通过配套的控制应用 APP 来实现"定向降噪"功能。在该 APP 应用中，会设置一些供用户选择的场景和噪声模式，例如：

● 场景包括："飞行""工作"场景等。
● 噪声模式包括：婴儿啼哭、汽车鸣笛等。

Here One 降噪耳机非常智能，据悉，它除了能够让用户通过 APP 应用对耳机进行自定义设置之外，还能帮助使用者进行专门的优化，即根据用户的需要，自行控制需要降噪的声音，保留用户想要听到的声音，它可以将某些声音放大，比如将人声放大，让用户在嘈杂的环境中可以更清晰地听到周围的人声。

为什么 Here One 耳机能够实现这样的功能？据悉，Here One 这样的功能并非是通过类似均衡器的原理实现的，而是因为研究人员在 Here One 身上搭载了一种自适应滤波器。该自适应滤波器和传统的降噪耳机的区别如下所示。

● 传统的降噪耳机：将整个音频段全部除掉。

● Here One 耳机自适应滤波器：可以判断声音的类型，然后选择性地将声音消除。

Here One 耳机为全无线连接，不仅耳机本身通过蓝牙与移动设备之间进行传输，左右单元也是通过无线连接，如图 3-39 所示。

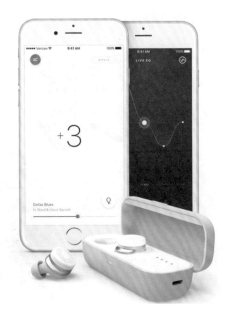

图 3-39　Here One 耳机通过蓝牙与移动设备连接

Here One 虽然功能强大，但是续航时间比较短，大约 3 ~ 6 小时，研究者为了弥补这一缺点，在耳机的收纳盒内置电池，让用户可以在不用的时候为 Here One 充电。

3.3.5　AR：扫一扫跟踪注册技术

在地铁、门店、公交站台等地方，常常会看到"扫一扫，添加二维码"的广告标志，可以说，"扫一扫"已经成为街头巷尾常用的词语，但是在 AR 领域中，扫码就不是指扫描二维码 了，而是 AR 跟踪注册技术。

SLAM (Simultaneous Localization And Mapping) 是一种基于主动重建的跟踪定位方法，与传统的 AR 扫码相比，其注册方式是无标识跟踪注册。下面为大家介绍有标识的 AR 跟踪注册方式和无标识的 AR 跟踪注册方式。

1. 有标识的 AR 跟踪注册

这种有标识的 AR 跟踪注册是 AR 系统中较为成熟的一种注册技术，其原理是：在真实环境中放置人工标识物，通过改变人工标识物内部的编码图案来实现多目标的跟踪定位。

如图 3-40 所示为有标识的 AR 跟踪注册码。

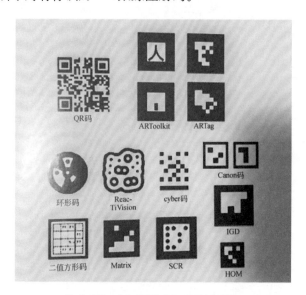

图 3-40　有标识的 AR 跟踪注册码

有标识的 AR 跟踪注册技术主要由两部分组成，如图 3-41 所示。

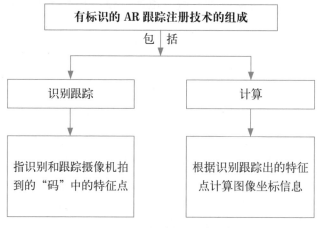

图 3-41　有标识的 AR 跟踪注册技术的组成

2. 无标识的 AR 跟踪注册

无标识的 AR 跟踪注册技术是指不通过扫码，而是通过扫物体的方式来对目标进行跟踪定位的一种技术，这种技术被称为基于关键帧和模型的处理方法。

例如，通过可口可乐瓶扫出视频，或者通过扫描名胜古迹扫出详情介绍等情况都属于无标识的 AR 跟踪注册技术。

如图 3-42 所示为无标识的 AR 跟踪注册技术的应用。

图 3-42　无标识的 AR 跟踪注册技术的应用

3.3.6 AR+：医疗领域的希望之星

AR 技术不仅仅可以应用在游戏、娱乐、飞行领域，还可以应用在医疗领域，有的国家的儿童医院的医生和理疗师，将 AR 游戏与一些 AR 应用同患者的康复练习相结合，帮助他们恢复健康。

例如，密歇根大学 C.S. Mott 儿童医院的医生和理疗师，就利用 AR 游戏 Pokémon GO 和 Ann Arbor 开发的应用 SpellBound 帮助一位动过脑动脉瘤手术的儿童患者恢复健康。如图 3-43 所示为医生利用 Pokémon GO 和 SpellBound 应用为患者治疗的情形。

图 3-43　医生利用 Pokémon GO 和 SpellBound 应用为患者治疗的情形

据相关人员介绍，早在几年前，AR 技术就被用作医疗的辅助治疗手段，AR技术的作用主要有两点，如图 3-44 所示。

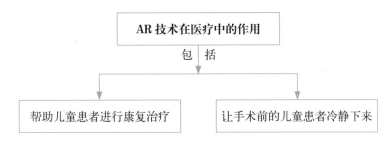

图 3-44　AR 技术在医疗中的作用

当孩子们边玩 AR 游戏边接受治疗的时候，他们会觉得非常愉快，那么 AR 游戏是怎样帮助儿童患者完成伸展和运动技能练习的呢？

其实很简单，只要在某个练习中，将游戏进行调整，就能让患者跟着游戏进行相应的调整，例如，当需要练习仰视时，医生只要把 iPad 放在比患者视野高一点的位置，就能让患者进行仰视练习了。

第4章

布局：大企业的虚拟现实布局

学前
提示

虚拟现实领域的潜力无穷，很多企业都看到了虚拟现实的潜力，当大部分人还在开玩笑说虚拟现实太"高大上"的时候，各大企业纷纷开展在虚拟现实领域的布局。

要点
展示

▶ BAT 巨头在虚拟现实领域的布局
▶ 电商代表：京东触及 VR 家装、仓储、营销和社区等多个领域
▶ 互联网企业的 VR 领域布局
▶ 电子行业：布局 VR 也在意料之中地来临

4.1　BAT 巨头在虚拟现实领域的布局

有人说，虚拟现实技术将取代智能手机成为"下一个入口"，由此可见虚拟现实的潜力多么巨大，BAT 三大巨头也开始在虚拟现实领域认真布局，相继以投资、并购、研发以及知识产品的买入等方式展开角逐。本节将为大家介绍 BAT 三大巨头在虚拟现实领域是如何布局的。

4.1.1　腾讯在虚拟现实领域的布局

BAT 中，最早公布自己的 VR 计划的是腾讯企业，腾讯在 VR 领域的布局主要体现在两个方面，如下所示。

- 业务布局。
- 投资布局。

其中业务布局包括平台布局、硬件布局和服务布局，而投资布局主要囊括两方面内容，具体介绍如图 4-1 所示。

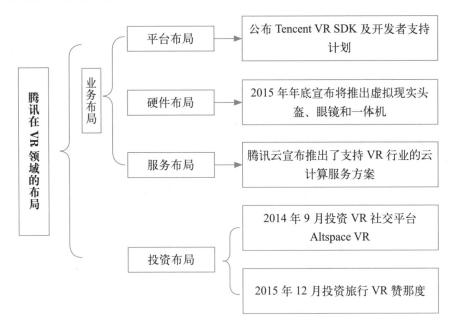

图 4-1　腾讯在 VR 领域的布局

下面将从腾讯的业务布局和投资布局这两方面进行介绍。

1. 布局一：业务布局

2015 年 12 月，腾讯正式公布了 Tencent VR SDK 和开发者支持计划，在开发者支持计划中，腾讯给出了企业在虚拟现实领域的布局规划，内容包括以下两方面。

- 商业分成模式。
- 资源导入内容：包括腾讯社交体系、广告体系和销售体系等。

腾讯已有超过 6 个亿的微信用户，因此凭借庞大的用户基数让其在移动互联网时代占尽先机，而这个庞大的数字能否让它在虚拟现实领域依旧大放光彩？结果还待定。下面让我们来看看腾讯在虚拟现实领域布置的蓝图。

目前，在市面上，主流的虚拟现实产品方案包括 3 种，如图 4-2 所示。

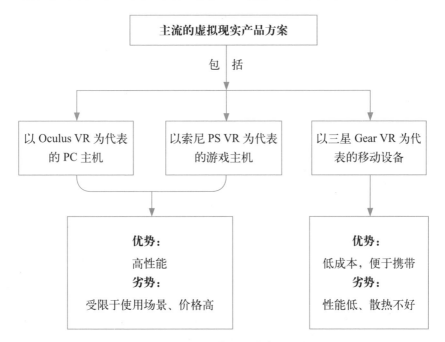

图 4-2　主流的虚拟现实产品方案

而在腾讯的 Tencent VR 规划中，就将同时支持 Oculus VR、索尼 PS VR、三星 Gear VR 这 3 种产品形态，在发布会上，腾讯将 2016—2017 年的主要规划路线展示出来，具体如图 4-3 所示。

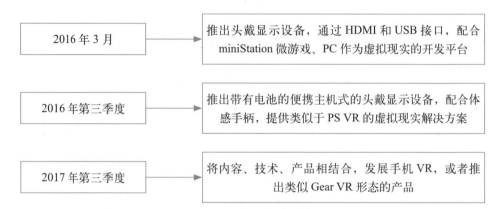

图 4-3　腾讯的规划路线

2016 年年初，腾讯云宣布推出了云计算服务方案，该云计算服务将为 VR 游戏和内容开发提供云计算支持。同时，腾讯打算采取"三步走"的战略来打造方案，如图 4-4 所示。

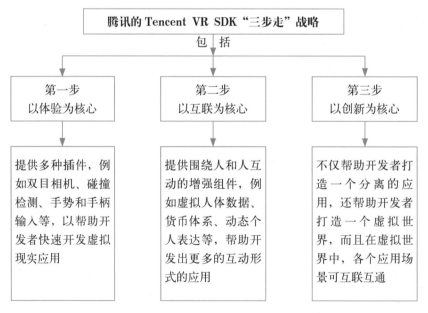

图 4-4　腾讯的 Tencent VR SDK "三步走"战略

腾讯为开发者提供了开发者支持计划，覆盖了游戏、影视、社交、直播、地图以及将要出现的更多其他领域，同时腾讯为开发者提供了海外作品、活动、内容孵化器等多项资源。

2. 布局二：投资布局

腾讯在 VR 领域的投资主要集中在两方面，如下所示。

- 投资融入社交元素的虚拟现实软件公司——Altspace VR。
- 投资旅行 VR 公司——赞那度。

有关 Altspace VR 和赞那度这两家公司的介绍如图 4-5 所示。

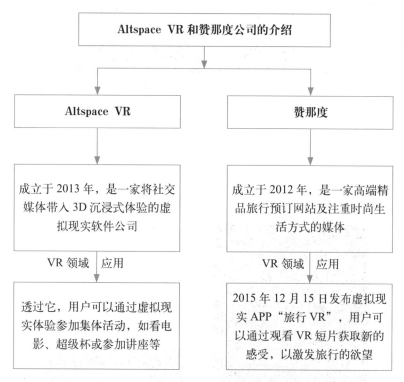

图 4-5　Altspace VR 和赞那度公司的介绍

4.1.2　百度在虚拟现实领域的布局

VR 热潮如此火爆，百度却不像其他企业那样大刀阔斧地布局，而是表现得非常冷静，在 2016 年的 IT 领袖峰会上，百度公司董事长兼首席执行官李彦宏表示 2016 年没有推出 VR 产品的计划，那么百度在虚拟现实领域的布局有哪些呢？笔者总结了以下几点。

(1) 百度视频 VR 频道上线了，如图 4-6 所示。

图 4-6　百度视频 VR 频道

(2) 作为百度大股东的爱奇艺推出了 VR APP，如图 4-7 所示。

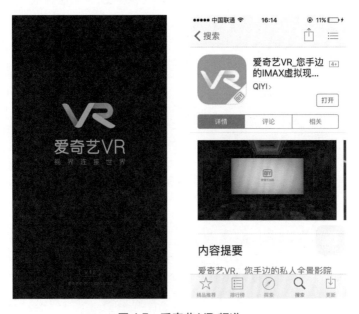

图 4-7　爱奇艺 VR 频道

(3) 2016 年 5 月上线了百度 VR+，包括咨询、游戏、视频、评测、开发者、社区、体验馆等多个频道。如图 4-8 所示为百度 VR+ 的 VR 社区。

图 4-8　百度 VR+ 的 VR 社区

专家提醒

　　百度 VR 平台主要定位于 VR 媒体社区，主要是以资源整合的方式服务于用户，其服务对象是 VR 用户与 VR 行业从业人员。百度上线 VR 平台，是为了打造一个内容资讯和爱好者交流的平台。

相信在不久的将来，百度会在虚拟现实领域做出更大的努力。

4.1.3　阿里巴巴在虚拟现实领域的布局

总体来说，阿里巴巴在虚拟现实领域的布局体现在如图 4-9 所示的几个方面。

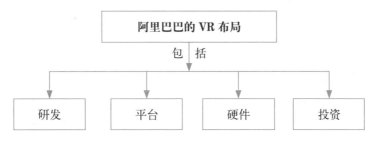

图 4-9　阿里巴巴的 VR 布局

下面将从业务布局和投资布局这两方面对阿里巴巴在 VR 领域的布局进行相关介绍。

1. 布局一：业务布局

阿里巴巴在业务方面的布局，首先体现在对 VR/AR 创业计划的支持上，据悉，合一集团与阿里百川于 2016 年 1 月投入 10 亿元支持创业，在这个创业加速计划中，VR/AR 就是其中的 3 大方向之一。

除了加速创业支持计划之外，优酷土豆（合一集团）在同一时间上线了 360 度全景视频。如图 4-10 所示为优酷独家推出的"VR 视频大全"界面。

图 4-10　优酷独家推出的"VR 视频大全"界面

当用户想看某个 VR 视频时，只要点击该视频，就会进入观看界面，如图 4-11 所示为《分歧者 2：绝地反击》的 VR 版视频。

同时优酷还发布了优酷 VR APP，如图 4-12 所示，用户进入应用商店，点击"获取"按钮，就能下载该 APP（在后面的章节将对优酷 VR 进行详细介绍）。

图 4-11　《分歧者 2：绝地反击》的 VR 版视频　　　图 4-12　优酷 VR APP

2016 年 3 月，在阿里巴巴首次对外公开的 VR 计划中，可以从 3 个方面对阿里 VR 计划进行阐述，如图 4-13 所示。

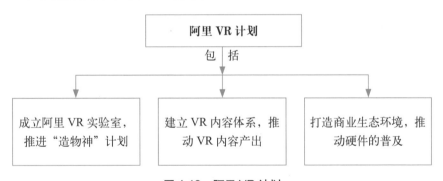

图 4-13　阿里 VR 计划

1) 成立阿里 VR 实验室，推进"造物神"计划

阿里成立了 VR 实验室，打算联合淘宝天猫商家建立 3D 商品库，这就是阿里实验室打算推出的第一个项目——"造物神"计划。

2016 年 4 月 1 日，淘宝宣布推出全新购物方式"Buy ＋"，"造物神"计划的商品库是为该购物方式服务的，其宗旨是通过虚拟现实技术来还原真实的购物场景，利用虚拟现实技术将人与物直接交互。

在淘宝推出的"Buy ＋"购物视频中，有这样一个场景，如图 4-14 所示。

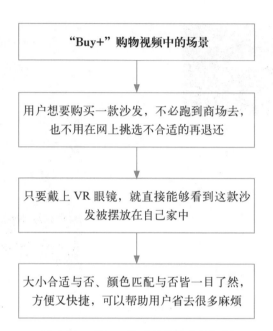

图 4-14 "Buy+"购物视频中的场景

同时，用户还可以通过 VR 眼镜到任何环境中去，试穿自己喜欢的衣服，直到发现合适的再下单购买。

2) 建立 VR 内容体系，推动 VR 内容产出

在建立 VR 内容体系和 VR 内容产出方面，其主要输出标准由如图 4-15 所示的几大平台联合推动。

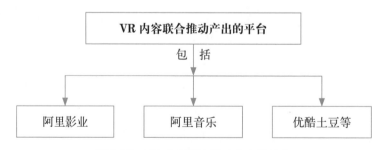

图 4-15 VR 内容联合推动产出的平台

3) 打造商业生态环境，推动硬件的普及

在硬件的孵化和普及方面，淘宝通过众筹平台实现了两个目的，详细介绍如图 4-16 所示。

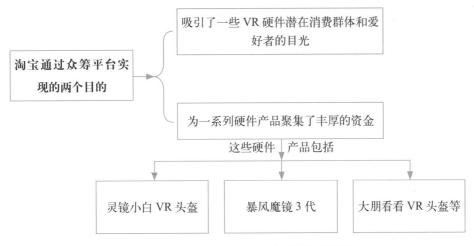

图 4-16　淘宝通过众筹平台实现的两个目的

2. 布局二：投资布局

在投资上的布局，主要是指在 2016 年 2 月，阿里巴巴领投了 AR 公司 Magic Leap7.94 亿美元，Magic Leap 在 2015 年 10 月，发布了一段视频，该视频中，人们可以看到一只鲸鱼冲出地板，激起一片浪花，与现实完美契合，如图 4-17 所示。而这只鲸鱼和这片浪花并非现实存在的，它们是通过虚拟现实技术设计出来的。

图 4-17　Magic Leap 发布的视频片段

4.2 电商代表：京东触及 VR 家装、仓储、营销和社区等多个领域

在三大 BAT 巨头如火如荼地布局 VR 领域的同时，电商企业也不甘落后，在 VR 领域使劲发力，做出了自己的规划蓝图，例如，2016 年 9 月 6 日，京东联合如图 4-18 所示的几家企业正式成立了全球电商 VR/AR 产业推进联盟。

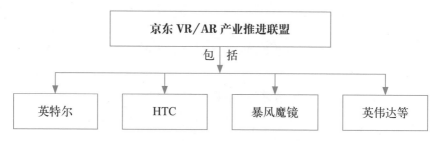

图 4-18　京东 VR/AR 产业推进联盟

本节将以电商代表京东为例，为大家讲述电商企业在 VR 领域的布局情况。

4.2.1　在购物中的应用

京东的 VR/AR 战略中，最先推出了一款 VR 应用，该应用名为"VR 购物星系"，通过"VR 购物星系"的应用，用户能够感受到真实的线下购物体验，具体详情如图 4-19 所示。

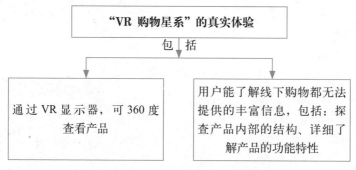

图 4-19　"VR 购物星系"的真实体验

同时在现实应用中，用户可以通过多种方式完成支付，如图 4-20 所示。

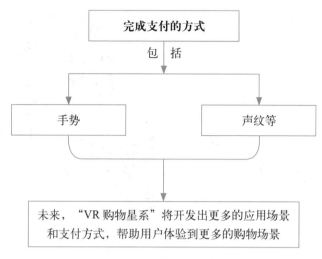

图 4-20　完成支付的方式

4.2.2　在家装中的应用

除了"VR 购物星系"的应用之外，京东另一个领域的布局就是 AR 家装领域，在该领域，京东将联合第三方推出 AR 家装产品。

通过这一系统，用户可以感受到真实的家装体验，包括如图 4-21 所示的内容。

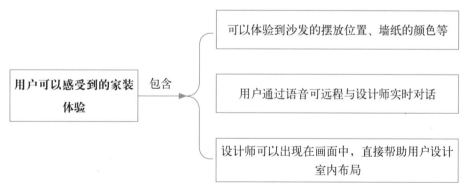

图 4-21　用户可以感受到的家装体验

如图 4-22 所示为京东 AR 家装在线交互体验示意图。

图 4-22　京东 AR 家装在线交互体验示意图

4.2.3　在仓储物流中的应用

为了更好地服务仓储物流领域、解决包裹数据采集的问题，京东与英特尔展开了合作，双方主要通过实感技术对商品的三围进行识别测量，以实现数据采集。

而且在未来，仓储人员可以通过虚拟现实技术实现更为高效的物流服务，具体如图 4-23 所示。

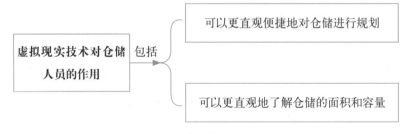

图 4-23　虚拟现实技术对仓储人员的作用

4.2.4　在用户社区中的应用

为了打造良好的 VR 生态圈，京东建立了 VR 用户生态社区，该社区的主要服务对象是用户、商家和品牌，服务内容如图 4-24 所示。

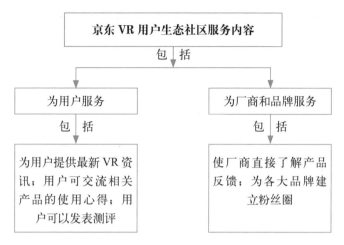

图 4-24　京东 VR 用户生态社区服务内容

专家提醒

　　京东透露会联合线上线下，开设线下体验店，打通 VR O2O 环节，让用户第一时间体验到最新的 VR 产品。

4.3　互联网企业的 VR 领域布局

　　在 VR 方面的布局，除了 BAT 巨头、电商企业之外，互联网企业也不甘落后，乐视、奇虎 360、酷开、微鲸等纷纷加入战局，本节将为大家介绍互联网企业在 VR 领域的布局。

4.3.1　乐视的布局

　　2015 年 12 月，乐视公布了其 VR 战略，将价值链垂直整合，把如下几方面的内容打通。

- VR 内容源。
- 平台。
- 终端等。

从 2015—2016 年，乐视 VR 在硬件与软件两方面大举发力，包括影视、音乐、体育等业务都与 VR 接轨了，由此可以看出，乐视对于 VR 市场的布局充满了信心。2015—2016 年，乐视在 VR 领域的主要动态如图 4-25 所示。

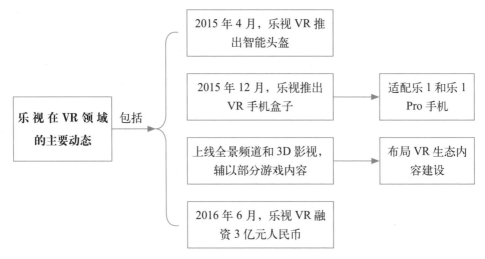

图 4-25　乐视在 VR 领域的主要动态

除了硬件、内容和投资领域之外，乐视 VR 的生态布局还体现在 VR 行业应用方面，如图 4-26 所示。

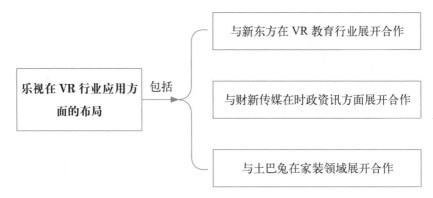

图 4-26　乐视在 VR 行业应用方面的布局

在乐视 VR 的初期，其内容的打造主要以影视全景视频为主，如图 4-27 所示为乐视 APP 的全景频道。在该全景频道中，用户可以观看 VR 的相关咨询，也可以查看直播、原创、旅游等多种类型的 VR 全景视频。

图 4-27 乐视 APP 的全景视频

4.3.2 奇虎 360 的布局

奇虎 360 在 VR 领域的布局，最让人熟知的就是 3 方面的合作内容，详细情况如图 4-28 所示。

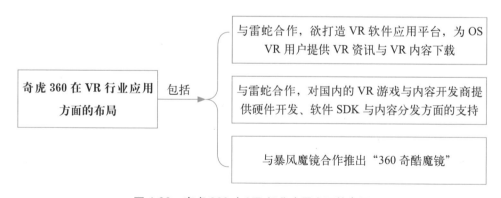

图 4-28 奇虎 360 在 VR 行业应用方面的布局

"360 奇酷魔镜"是奇虎 360 于 2016 年 1 月推出的 VR 智能设备，这款产品由 360 手机与国内最先介入 VR 领域、拥有最完整 VR 商业模式的企业——暴风科技联合推出，如图 4-29 所示。

图 4-29　360 奇酷魔镜

除了与雷蛇、暴风科技合作之外，奇虎 360 早在 2014 年就与一家 VR 厂商——VRGATE 进行了接触，2015 年，奇虎 360 投资 VRGATE 3000 万元，这是奇虎 360 投资的唯一一家头显厂商。

那么奇虎 360 和 VRGATE 的合作模式是怎样的呢？简单来说，奇虎 360 和 VRGATE 的合作模式如图 4-30 所示。

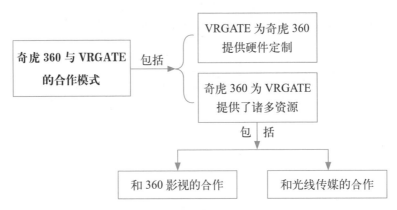

图 4-30　奇虎 360 与 VRGATE 的合作模式

4.3.3　酷开的布局

酷开在 VR 上的布局主要从运营理念、硬件产品、深度内容计划 3 方面进行阐述。

1. 运营理念

酷开的运营理念集合了平台、系统、大数据等多种因素，主要是运用大数据技术，让融合不同平台的相关系统增强 VR 模块支持，同时开设内容专区，将最好的 VR 内容呈现给用户，提升用户的 VR 体验，详细介绍如图 4-31 所示。

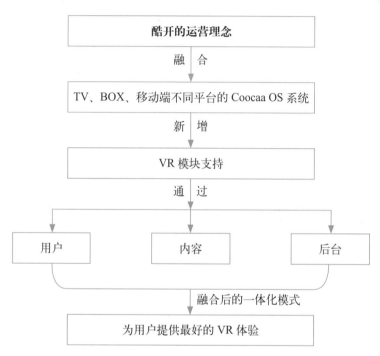

图 4-31　酷开的运营理念

2. 硬件产品

在硬件方面，酷开发布了 VR 一体机"随意门"，该 VR 一体机采用顶级配置来保证内容质量，提升用户的体验，其主要配置如下所示。

- 搭载高通骁龙 820 芯片。
- 使用酷开 Coocaa OS 操作系统。

酷开的 VR 一体机"随意门"名字，灵感来源于机器猫的那扇著名的任意门，其寓意是指为用户打造任意穿越未来的虚拟现实体验，VR 一体机"随意门"的外形如图 4-32 所示。

图 4-32　VR 一体机"随意门"

3. 深度内容计划

在内容打造方面，酷开将通过自有平台和业界的合作伙伴，积极打造 B 端场景化 VR+ 内容，该内容涉及多个领域，包括如图 4-33 所示的领域。

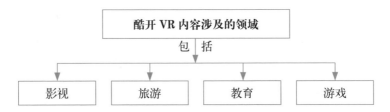

图 4-33　酷开 VR 内容涉及的领域

同时，酷开还与多个行业的领先企业达成了战略合作伙伴关系，这些企业包括美房云客、汇联皆景、智课网等。

在虚拟现实席卷的浪潮中，酷开将以系统、硬件、内容相结合的战略布局方式，为人们带来更丰富的 VR 体验生活。

4.3.4　微鲸的布局

近年来，VR 硬件市场慢慢变得饱和，于是，VR 内容产出成为众多企业要占据的领地，而微鲸 VR 就是这样一个以内容产出为主的 VR 内容供应商。

微鲸 VR 隶属于华人文化 (CMC) 控股集团旗下，其部门和业务涵盖面广，具体如图 4-34 所示。

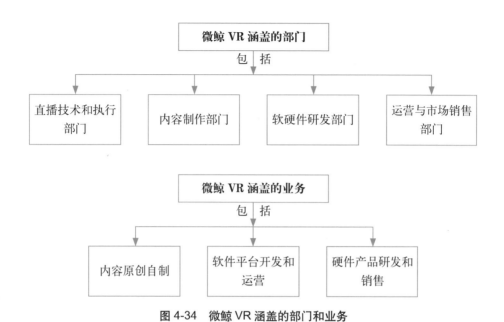

图 4-34 微鲸 VR 涵盖的部门和业务

微鲸 VR 在虚拟现实领域的布局主要从两个方面进行阐述。

- 投资和融资。
- VR 直播。

下面将为大家介绍微鲸 VR 在虚拟现实领域布局的详细情况。

1. 投资和融资

微鲸 VR 在投资融资领域，主要有如图 4-35 所示的几件大事。

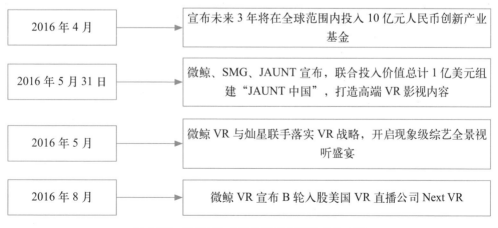

图 4-35 微鲸 VR 在投资融资领域的几件大事

1)10亿元人民币创新产业基金

微鲸VR在成立后的第一个投资布局，就是宣布将投入10亿元人民币创新产业基金来布局VR产业链，据悉，将围绕以下3个方面进行微鲸VR产业链的布局。

- 开发创新技术。
- 研发优秀设备。
- 打造创意内容。

同时，微鲸VR董事长李怀宇表示，微鲸VR的内容将包括如图4-36所示的几个方面。

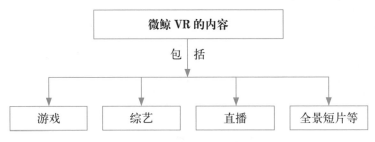

图4-36 微鲸VR的内容

2)1亿美元组建"JAUNT中国"

在2016年5月，微鲸VR就宣布了另一条投资信息，即与SMG、JAUNT联合组建"JAUNT中国"，旨在为用户提供高端VR影视内容，据悉，微鲸VR还可能在未来开发消费级的VR器材，让广大用户体会到VR拍摄的乐趣。

3) 与灿星联手开启综艺全景视听盛宴

与灿星的合作开启综艺全景视听盛宴，主要有如图4-37所示的意义。

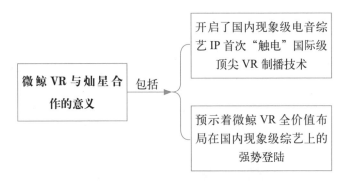

图4-37 微鲸VR与灿星合作的意义

在微鲸 VR APP 上，可以看到微鲸 VR 已经推出了众多 VR 直播项目，包括综艺节目《中国新歌声》、篮球赛、热波音乐节演唱会等。如图 4-38 所示为微鲸 VR APP 上的直播频道和 VR 视频界面。

图 4-38　微鲸 VR APP 上的直播频道和 VR 视频界面

4) B 轮入股美国 VR 直播公司 Next VR

微鲸 VR 入股美国 Next VR，主要的战略是利用 Next VR 的优势推动微鲸 VR 的内容发展，建立一定规模的 VR 内容库，如图 4-39 所示。

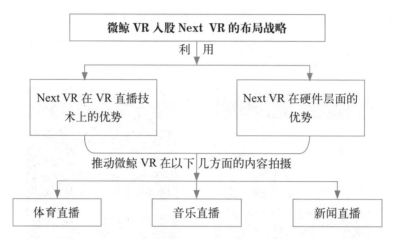

图 4-39 微鲸 VR 入股 Next VR 的布局战略

专家提醒

　　微鲸 VR 入股美国 Next VR 的投资预示着 NextVR 将逐步进入中国市场。

2. VR 直播

　　从上面的内容可以看出，微鲸 VR 非常重视 VR 直播的内容，截至 2016 年 10 月，微鲸 VR 又在哪些方面布局了 VR 直播内容呢？笔者总结了以下几点内容。

- 直播中国足球，完成首次国足 VR 直播。
- 直播 2016 冰上盛典。
- 打造《中国新歌声》VR 版视频，直播《中国新歌声》综艺节目。
- 直播综艺节目《盖世英雄》。
- 《昆仑决》拳击比赛的 VR 版视频。
- 打造 VR 情景剧《耐撕实习生》等。

　　微鲸 VR 打造的 VR 直播视频，除了能够让用户欣赏到 360 度全景的观影画面外，还能让用户在戴上头盔后，与节目内容进行一些有意识的情景化互动。

　　虽然微鲸 VR 致力于打造 VR 内容 IP，但是依然会遇到很多 VR 直播痛点，例如视频质量不好、互动性不强等。针对 VR 直播的这些痛点，微鲸 VR 打算从两方面入手解决，如图 4-40 所示。

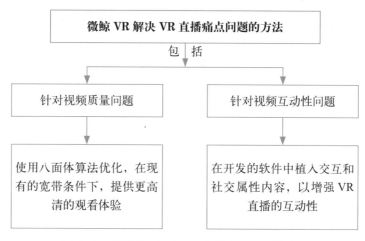

图 4-40　微鲸 VR 解决 VR 直播痛点问题的方法

4.4　电子行业：布局 VR 也在意料之中地来临

对于 VR 领域的布局，电子通信行业自然不会错过，小米、三星、华为等生产手机、通信设备的互联网企业或者电子信息企业全都加入到这场 VR 布局战争中。

4.4.1　小米的布局

小米在 VR 领域的布局，主要体现在产品研发和投资两方面。

1. 研发

2016 年 1 月，小米宣布建立小米探索实验室，这是小米为了在 VR 领域抢占一席之地而做出的准备，该实验室的主攻方向主要包括两方面。

- VR 领域。
- 智能机器人领域。

据悉，小米探索实验室建立之后，第一个重点参与的项目就是虚拟现实项目，小米开始招聘相关专业人士，一起研发 VR 项目，招聘的职位如图 4-41 所示。

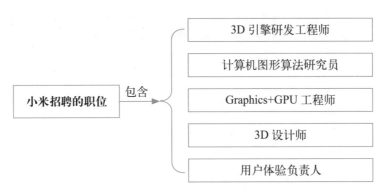

图 4-41　小米招聘的职位

虽然小米已经跻身 VR 行业的布局中，但是想要让 VR 技术达到成熟和大规模应用的地步，还需要好几年的时间。

2. 投资

在投资方面，小米主要和大朋 VR 展开合作，2015 年 12 月，大朋 VR 获得迅雷和恺英网络的融资，融资金额达 1.8 亿元人民币，小米是迅雷的大股东，因此也算间接投资了大朋 VR。此外，小米、迅雷还和大朋 VR 达成了战略合作，欲借助各自的优势，在如图 4-42 所示的多个领域展开更为深入的合作。

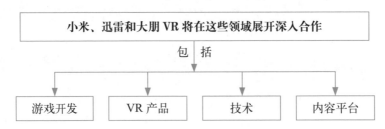

图 4-42　小米、迅雷和大朋 VR 将在这些领域展开深入合作

4.4.2　三星的布局

在 VR 领域，三星早有布局，例如与 Oculus 合作生产 Gear VR，预示着三星将 VR 技术视为公司未来发展战略的重要组成部分。

三星的 VR 布局，主要体现在如图 4-43 所示的几个方面。

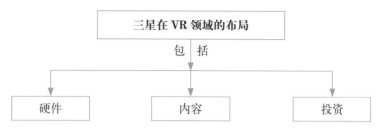

图 4-43　三星在 VR 领域的布局

1. 硬件

三星在 VR 领域的硬件，主要包括三星 Gear VR 和三星 Gear 360，Gear VR 是一款头戴式显示器，如图 4-44 所示，它是三星的第一款 VR 设备。而 Gear 360 是一款全景相机，它极大地丰富了手机产品的观看形式，其外形如图 4-45 所示。

图 4-44　三星 Gear VR

图 4-45　三星 Gear 360

2. 内容

在内容方面，三星主要体现在打造 Milk VR 平台、参与 VR 直播、打造 VR 电影工作室 3 个方面，并且创造了一系列优秀的 VR 视频，相关介绍如图 4-46 所示。

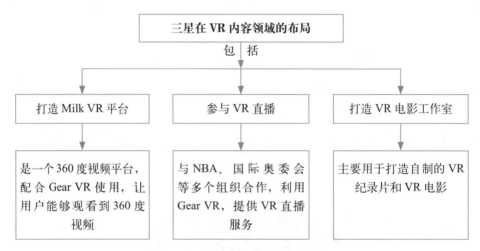

图 4-46　三星在 VR 内容领域的布局

3. 投资

在投资方面，三星也是硕果累累，投资的企业包括如图 4-47 所示的几家。

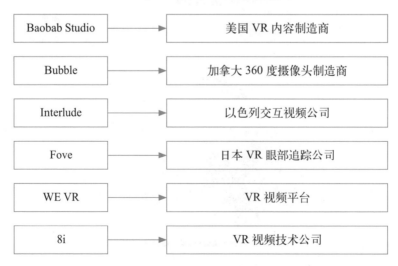

图 4-47　三星投资的企业

4.4.3 华为的布局

除了小米、三星，华为也在 VR 领域做出了举动，华为一直把 VR 技术看作非常重要的技术，华为方表示：即使目前 VR 技术还不成熟，华为也不会错失 VR/AR 技术。

那么，华为将在哪些方面进行布局呢？

1. 合作

2015 年年底，华为与华策影视签订战略合作协议，将在内容与终端方面展开合作，这对于双方来说，有如图 4-48 所示的几点意义。

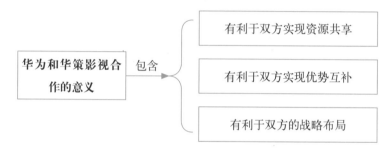

图 4-48　华为和华策影视合作的意义

2. 硬件

2016 年 4 月 15 日，华为在上海发布了 P9 手机，同时推出的产品包括 VR 眼镜，这是华为推出的首款 VR 眼镜，该 VR 眼镜取名为 HUAWEI VR，支持华为 Mate 等系列智能手机插入，HUAWEI VR 的外形如图 4-49 所示。

图 4-49　HUAWEI VR 眼镜

专家提醒

据悉，华为 VR 眼镜的主要特点和功能包括以下几方面。

- 360° 视觉／声场同步移动。
- 具备通话显示功能。
- 具备微信显示功能。

3. 通信网络

华为想在 VR 用户体验上做得更好，所以对于网络传输问题，华为也会加紧布局，据悉，华为在 5G 技术标准制定上已经处于领先地位，因为 VR 对网速的要求特别高，所以为了更好地服务用户，华为正在更高速率的 4.5G 和 5G 技术方面加紧布局。

第5章

产品：令人心动的风暴产品来袭

学前
提示

　　早在 20 世纪 80 年代，很多科幻题材小说、电影中描述的场景，就勾画出未来虚拟现实技术的雏形。从三星到微软再到腾讯，很多巨头已经纷纷开发出了自己的 VR 产品，本章主要为大家介绍令人心动的虚拟现实产品。

要点
展示

　▶ 蚁视的虚拟现实产品
　▶ 与虚拟现实相关的出色产品介绍

5.1 蚁视的虚拟现实产品

2016 年，随着虚拟现实产业的迅速发展，越来越多的企业想要在虚拟现实领域分一杯羹，蚁视就是其中的佼佼者。蚁视是一家专注于虚拟现实、增强现实、全息现实等穿戴设备的科技公司，公司主要的产品和研发项目如图 5-1 所示。

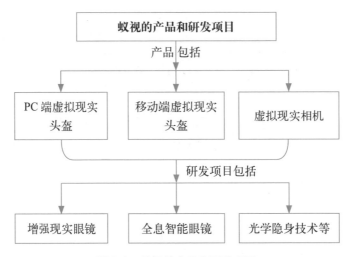

图 5-1　蚁视的产品和研发项目

本节将为大家介绍蚁视的几款虚拟现实产品。

5.1.1　蚁视二代头盔

继一代虚拟现实设备发布之后，时隔两年，蚁视终于发布了第二代虚拟现实头盔，这款头盔采用高强度、轻量化的复合材料制成，既减轻了重量，又具有高强度性能。如图 5-2 所示为蚁视二代头盔的外形。

图 5-2　蚁视二代头盔

专家提醒

　　从外形上看，蚁视二代虚拟现实头盔与其他虚拟现实头盔的造型并没有太大的差别，都是采用了头部绑带的设计，蚁视二代虚拟现实头盔的头部绑带设计得十分舒适，采用了尼龙编织物制成，而且有缩放功能，能够适应不同的头部尺寸，佩戴起来既舒适又牢靠。

1. 功能键：操作简单

　　在蚁视二代虚拟现实头盔的左右两侧，共有 4 个功能按键，下面我们就来了解一下这 4 个按键的功能，如图 5-3 所示。

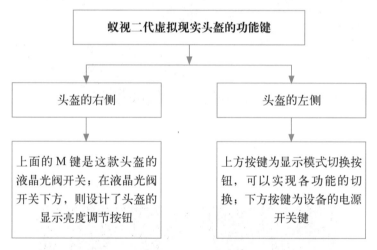

图 5-3　蚁视二代虚拟现实头盔的功能键

专家提醒

　　蚁视二代 VR 头盔上配置了一堆液晶光阀，用户可以通过余光观察到自己下方的事物，当用户戴好头盔之后，想要准确地拿到操控杆就不会那么困难了。

2. 耳机：更好的体验

蚁视二代虚拟现实头盔的耳机是直接集成到机身上的，如图 5-4 所示，可以看到机身的下方左右两侧分别有两个圆形部件，该部件就是蚁视二代 VR 头盔的耳机，用户在使用该耳机时，可以前后调节位置，使用起来非常方便。

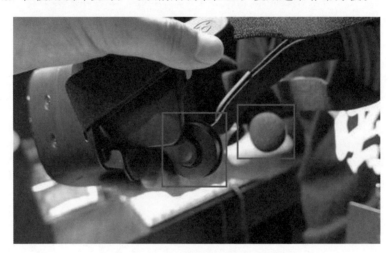

图 5-4　蚁视二代虚拟现实头盔的耳机

3. 全手势识别

为了实现全手势识别，蚁视二代 VR 头盔配套了操控杆，如图 5-5 所示。

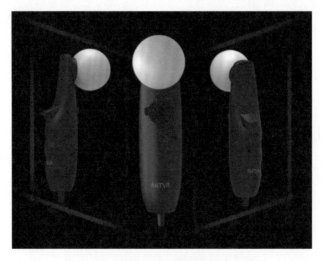

图 5-5　蚁视二代 VR 头盔的操控杆

操控杆十分轻巧，杆身上只有两个键，分别是方向键和扳机键，在杆身的顶端有一个小球，操控杆的操控原理就是根据这个小球发出的红外光进行定位的。

4. 位置追踪

在蚁视二代 VR 设备的套装里，除了头盔和操控杆，用户还会获得一个位置追踪地毯，如图 5-6 所示。

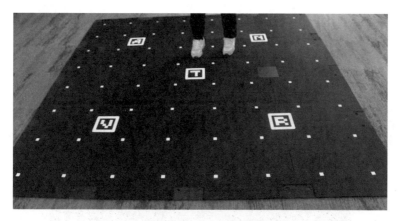

图 5-6　位置追踪地毯

该位置追踪地毯采用了模块化设计，可以让用户实现大面积的位置追踪。在追踪地毯上，用户不论是跳起，还是蹲下，都能够被捕捉到，用户可以尽情地游走在游戏中。

5. 多平台资源支持

在平台内容生态圈构建方面，蚁视采取开放合作的模式，支持多家内容资源平台，如图 5-7 所示。

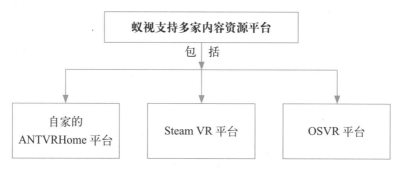

图 5-7　蚁视支持多家内容资源平台

此外，蚁视还积极与国内外游戏厂商合作，令蚁视 VR 头盔能够支持 3D、2D 游戏的转换，同时还能支持一些热门的游戏，例如《守望先锋》《生化危机》等。

5.1.2 蚁视虚拟现实相机

蚁视虚拟现实相机也是蚁视推出的一款虚拟现实产品，结合虚拟现实头盔，它能够给用户提供更立体、更真实的场景，如图 5-8 所示为蚁视 VR 相机。

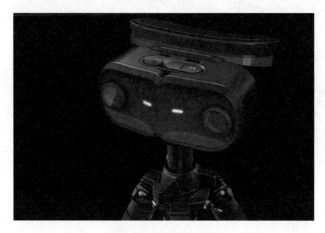

图 5-8 蚁视 VR 相机

蚁视 VR 相机的主要特性为同时拥有两组 1600 万像素背照式 CMOS 组成的 3D 拍摄镜头，单机提供了 169°的拍摄视角，形成的效果如图 5-9 所示。

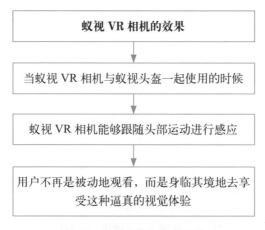

图 5-9 蚁视 VR 相机的效果

具体来说，蚁视 VR 相机的用途如图 5-10 所示。

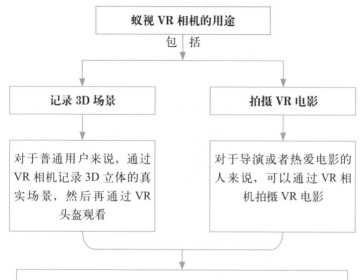

图 5-10　蚁视 VR 相机的用途

下面一起来欣赏一下蚁视 VR 相机的两种体验情景，一种是搭载无人机航拍图，如图 5-11 所示；一种是用户佩戴图，如图 5-12 所示。

图 5-11　搭载无人机航拍图

图 5-12　用户佩戴蚁视 VR 相机图

5.1.3　蚁视手机头盔——机饕

蚁视出了一款手机头盔，名叫"机饕"，如图 5-13 所示，"机饕"不同于 VR 头盔和 VR 相机，它主要是为普通用户准备的，因此"机饕"的价格相对低廉。

图 5-13　蚁视手机头盔"机饕"

"机饕"的特点主要有两点，一是可以折叠，二是头盔镜片无畸变，相关介绍如图 5-14 所示。

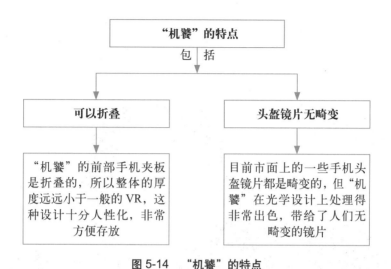

图 5-14 "机饕"的特点

5.2 与虚拟现实相关的出色产品介绍

随着越来越多的厂商进军 VR 领域，VR 产品层出不穷，乐视、谷歌、暴风影音也接连不断地推出了自己的 VR 产品，本节为大家介绍一些优秀的虚拟现实产品。

5.2.1 乐视 VR 头盔

乐视 VR 头盔 COOL1 是乐视旗下的 VR 生态系统"LeVR"与蚁视合作发布的首款 VR 硬件设备，如图 5-15 所示。

乐视 VR 头盔 COOL1 的特点如下。

- 硬件采用特殊光学树脂材质非球面镜片，能够有效消除像差及垂轴色差。
- 90°的视场角能够保持沉浸感和清晰度的平衡，如图 5-16 所示。
- 可以支持近 / 远视眼，可调节适应正常到 800 度近视。
- 系统优化实现画面显示超低延时响应，延时不超过 20ms。
- 通过手机上的"乐视界"APP 提供内容。
- 带给用户逼真的 360°观感体验和震撼的 3D 效果，如图 5-17 所示。
- 将乐视手机放入前盖就能使用，如图 5-18 所示。

- 佩戴舒适，没有眩晕感。
- 只支持乐 1 和乐 1 Pro 手机。
- 乐视头盔的 VR 片源内容主打原创，每周都会有明星和相关影视资源更新。

图 5-15　乐视 VR 头盔 COOL1

图 5-16　90°的视场角能够保持沉浸感和清晰度的平衡

图 5-17　带给用户逼真的 360° 观感体验和震撼的 3D 效果

图 5-18　与超级手机完美适配

5.2.2　Google Cardboard

谷歌虚拟现实眼镜是一款用纸盒做成的眼镜，它被称为 Google Cardboard，它的外形如图 5-19 所示，虽然外形上十分不起眼，但是在折叠之后，可以形成一个取景器和一个放置手机的插槽，打开手机中相应的应用程序后便能够为用户提供虚拟现实的体验。

图 5-19　Google Cardboard

Google Cardboard 最初是谷歌的两位工程师大卫·科兹 (David Coz) 和达米安·亨利 (Damien Henry) 的创意，他们用了 6 个月的时间，打造出了这个产品。Google Cardboard 纸盒内包括如图 5-20 所示的部件。

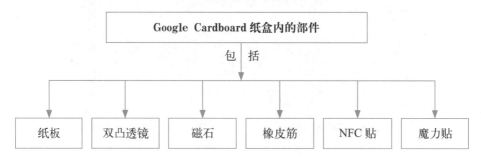

图 5-20　Google Cardboard 纸盒内的部件

用户只要按照包装上的说明操作，很快就能将这些部件组装成一个简单的玩具眼镜，在 Google Cardboard 凸透镜的前部留置了一处放手机的空间，如图 5-21 所示，盒子半圆形的凹槽正好可以把脸和鼻子埋进去。

图 5-21　Google Cardboard 放手机的地方

　　要使用 Google Cardboard，只组装好并不够，用户还需要在 Google Play 官网上下载 Cardboard 应用。虽然 Google Cardboard 看起来只是一副十分简陋的纸盒眼镜，但这个眼镜加上智能手机就能够给人们带来一场虚拟现实体验。

5.2.3　暴风魔镜

　　暴风魔镜是暴风影音正式发布的一款手机虚拟现实眼镜，如图 5-22 所示。

图 5-22　暴风魔镜

目前为止，暴风魔镜共发布了4代产品。

- 第一代于2014年9月1日正式发布。
- 第二代于2014年12月16日发布。
- 第三代于2015年6月发布。
- 第四代于2015年11月发布。

从外观上看，打开暴风魔镜的正面前盖就可以放入手机，如图5-23所示，内部有很多保护和固定手机的海绵支撑体，支持4.7～6英寸手机，要求用户的手机能够支持蓝牙和陀螺仪功能。

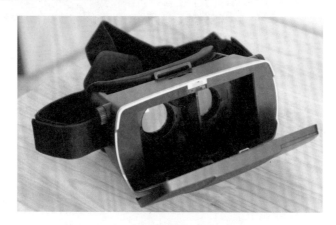

图5-23　打开暴风魔镜前盖可以放入手机

暴风魔镜的侧面有两个很大的缝隙，这两个缝隙是为手机散热和插入耳机而设计的，暴风魔镜后面的松紧带是可以调节的，同时还有一圈海绵帮助用户佩戴起来更舒适，如图5-24所示。

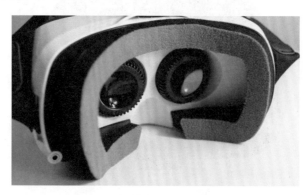

图5-24　暴风魔镜上的一圈海绵

暴风魔镜的主要特点包括以下几点。

- 用户在使用暴风魔镜时，配合相应的应用软件，就能享受到 IMAX 的观影效果，仿佛置身其中。
- 用户可以通过暴风魔镜玩 3D 游戏。
- 暴风魔镜支持本地和在线视频。
- 暴风魔镜通过开发的 APP，可以很好地与用户的手机结合。

5.2.4　三星 Gear VR3

三星 Gear VR3 是三星和 Oculus VR 联手出品的第三代虚拟现实设备，如图 5-25 所示。

图 5-25　三星 Gear VR3

Gear VR3 的组件如图 5-26 所示。

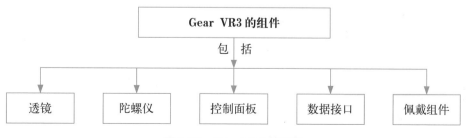

图 5-26　Gear VR3 的组件

用户在使用三星 Gear VR3 的时候，要下载一个 APP 应用——Oculus，然后将手机通过 Micro USB 接口插到 Gear VR3 设备上，就能透过 Gear VR3 的放大透镜来观看手机屏幕上的内容，如图 5-27 所示。

图 5-27　透过 Gear VR3 欣赏虚拟现实内容

三星 Gear VR3 的主要特点如下。

● 通过 AMOLED(Active-Matrix Organic Light Emitting Diode，有源矩阵有机发光二极体) 显示、精准的头部追踪器和低延迟率给用户呈现超乎想象的虚拟现实体验。

● 可以与 Galaxy 系列手机进行无缝对接，兼容的设备如图 5-28 所示。

● 比第二代更轻，搭配更舒适的耳机和更精准的触控板。

● 拥有海量的电影和游戏。

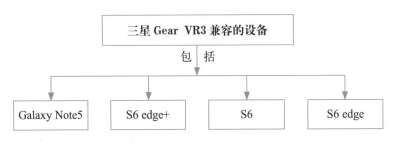

图 5-28　三星 Gear VR3 兼容的设备

5.2.5 索尼 HMZ-T3W

索尼 HMZ-T3W 是索尼公司发布的第三代头戴显示设备，如图 5-29 所示。

图 5-29 索尼 HMZ-T3W

索尼 HMZ-T3W 的特点如下。

● 采用自发光 OLED 面板，可以实现相当于 20 米距离内的 750 英寸电视机的超震撼效果。

● 在第二代的基础上，改进了画面图像显示效果和佩戴的体验感。

● 无线版的 HMZ-T3W 可以让用户摆脱 HDMI 等输入线的限制，让用户在家中任何地方都能享受到视听盛宴，如图 5-30 所示。

● 即使在户外播放电影，也能享受到电影院具有的效果。

● 无线 Wireless HD 技术可以做到 60Hz 无压缩视频传输。

图 5-30 无线版 HMZ-T3W

5.2.6　爱维视 w100

爱维视 (IVS)w100 是一款便携的智能语音 3D 视频眼镜，如图 5-31 所示。

图 5-31　爱维视 w100

爱维视 w100 的主要特点如下。

● 具备一键启动语音助手功能，轻按 3 秒语音键，就能开启交互模式，如图 5-32 所示。

● 除了能够连接三星、小米、OPPO、魅族等绝大多数智能手机之外，还可以连接电脑。

● 支持各种高清的 2D/3D 大片，在看电影的状态下支持 1024 高分辨率调整。

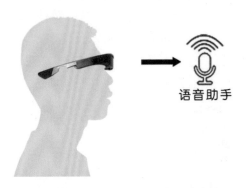

图 5-32　一键启动语音助手功能

5.2.7　爱视代 G4

爱视代 (iTheate)G4 是一款着重于看电影的 3D 视频眼镜，体型十分小巧，用户只需要配合一台小小的播放器，就能在家享受 3D 电影效果，如图 5-33 所示。

图 5-33　爱视代 G4

爱视代 G4 的特点如下。

- 自带 1G 的内存，拥有 8G 的闪存，同时还支持 32G 的闪存扩容。
- 电池能够续航 7 小时左右。
- 机身仅 50 克，携带十分方便。
- 内置一个微型 3D 显示系统，相当于微型投影仪。
- 能在距离用户 2.5 米处营造一个 98 寸虚拟 LED 显示屏。
- 支持 1080P 全高清解码，带来震撼的 3D 效果，如图 5-34 所示。

图 5-34　带来震撼的 3D 效果

5.2.8　小宅魔镜

小宅魔镜是一款手机专用 3D 虚拟现实眼镜，如图 5-35 所示。

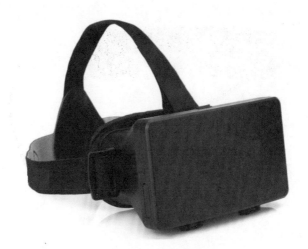

图 5-35　小宅魔镜

小宅魔镜的特点如下。

- 手机兼容范围更大，支持 iPhone 机型。
- 支持 4.7 ～ 5.5 寸的手机。
- 支持手机摄像头使用。
- 增加遮光板，防止侧漏光。
- 利用透镜原理将图像放大，带来 IMAX 般的巨屏体验，如图 5-36 所示。

图 5-36　IMAX 般的巨屏体验

第6章

APP：人人都能享受到 VR 体验

学前提示

　　若是想要玩转虚拟现实，就必须要了解一些虚拟现实的 APP，目前来说，虚拟现实在影视、游戏、娱乐等领域应用得最为广泛，本章笔者为大家介绍几款优秀的虚拟现实类 APP。

要点展示

▶ 视频类虚拟现实 APP

▶ 游戏类虚拟现实 APP

▶ 其他类虚拟现实 APP

6.1 视频类虚拟现实 APP

虚拟现实技术能够在视觉、听觉、触觉等五感方面给用户提供极为逼真的体验，目前来说，虚拟现实应用得最广的就是在视觉上为用户提供极为逼真的视觉效果，因此，视频类的 APP 成为虚拟现实领域的领头羊。

接下来笔者将为读者介绍几款好玩的视频类虚拟现实 APP。

6.1.1 优酷 VR

优酷 VR APP 是由优酷发布的一款 APP，如图 6-1 所示，它依托优酷海量的视频内容和智能推荐算法，将优质的视频观看体验带给用户，优酷 VR APP 为用户提供了两种视觉体验形式，如图 6-2 所示。

图 6-1 优酷 VR APP

优酷 VR APP 为用户提供了两种视觉体验形式 ──包含──> 裸眼观看 360 度全景视频

通过 VR 眼镜等设备观看视频

图 6-2 优酷 VR APP 为用户提供了两种视觉体验形式

进入优酷 VR APP 的界面，能够看到"推荐""精选""影院""订阅"四大栏目，如图 6-3 所示，在推荐浏览页面中，用户就能实时体验 360 全景静态视频，优酷 VR APP 支持 90% 以上的 VR 眼镜，除此之外，优酷 VR APP 还支持调动手机陀螺仪实现视角转换。

图 6-3　优酷 VR APP 的四大栏目

专家提醒

手机陀螺仪是一种测量倾斜时的转动角速度的装置，在实际生活中，陀螺仪的应用范围比较广，除了手机以外，汽车、可穿戴智能设备等都需要它。

在手机上，陀螺仪可以对转动、偏转的动作做一个精准的测量，然后分析并精确地判断出使用者的实际动作。

6.1.2　Vrse

Vrse 是一款由苹果公司与 U2 乐队共同开发的虚拟现实 APP，其界面如图 6-4 所示。

Vrse 的使用方法非常简单，用户只要在里面免费下载自己想看的视频，然后利用自己的 iPhone 加上一块虚拟现实头盔就能观看了。

除了能够看到丰富搞笑的视频之外，还能看到美国著名脱口秀明星杰瑞·宋飞在《周末夜现场》(*Saturday Night Live*)40 年庆特别版上的表演，全程采用 360 度全视角录制，让用户如同身临其中。

但 Vrse 有一定的局限性，即分辨率低、响应速度慢。

图 6-4　虚拟现实 APP：Vrse

6.1.3　UtoVR

UtoVR 是一款专业的 VR 视频播放器，该应用包含了许多全景视频，能够让人们在观看中享受到极致的 360 度无死角的视频观看体验，如图 6-5 所示为 UtoVR APP。

图 6-5　UtoVR APP

UtoVR APP 的功能可以概括为如图 6-6 所示的 5 点。

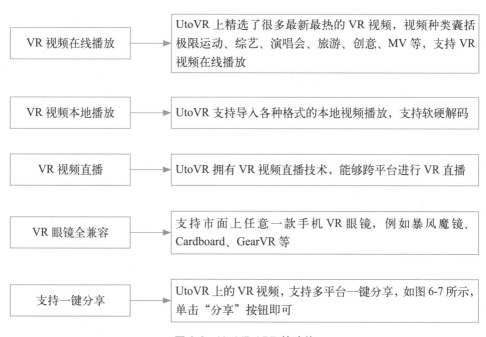

VR 视频在线播放	→	UtoVR 上精选了很多最新最热的 VR 视频，视频种类囊括极限运动、综艺、演唱会、旅游、创意、MV 等，支持 VR 视频在线播放
VR 视频本地播放	→	UtoVR 支持导入各种格式的本地视频播放，支持软硬解码
VR 视频直播	→	UtoVR 拥有 VR 视频直播技术，能够跨平台进行 VR 直播
VR 眼镜全兼容	→	支持市面上任意一款手机 VR 眼镜，例如暴风魔镜、Cardboard、GearVR 等
支持一键分享	→	UtoVR 上的 VR 视频，支持多平台一键分享，如图 6-7 所示，单击"分享"按钮即可

图 6-6　UtoVR APP 的功能

图 6-7　UtoVR APP 一键分享功能

除了以上 5 大功能之外，还支持以下几点操作，详细介绍如图 6-8 所示。

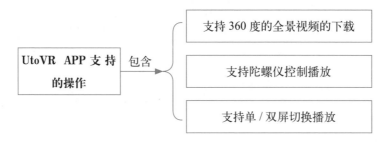

图 6-8　UtoVR APP 支持的操作

6.1.4　榴莲 VR

榴莲 VR 是第一视频集团旗下的一款综合性 VR 视频应用软件，该平台为用户提供了全景视频、3D 影片、演唱会、游戏等多种类型的视频体验，如图 6-9 所示为榴莲 VR APP 的界面。

图 6-9　榴莲 VR APP 的界面

　　榴莲 VR APP 的功能特色和 UtoVR APP 的功能特色差不多，主要包括以下 5 点，如图 6-10 所示。

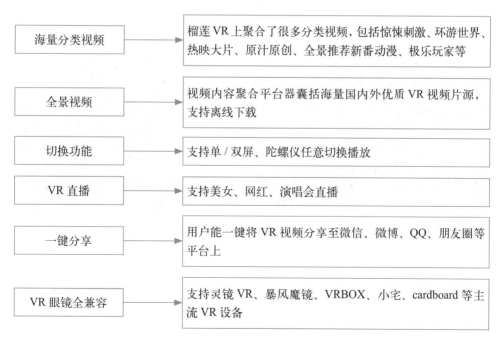

海量分类视频	榴莲 VR 上聚合了很多分类视频，包括惊悚刺激、环游世界、热映大片、原汁原创、全景推荐新番动漫、极乐玩家等
全景视频	视频内容聚合平台器囊括海量国内外优质 VR 视频片源，支持离线下载
切换功能	支持单 / 双屏、陀螺仪任意切换播放
VR 直播	支持美女、网红、演唱会直播
一键分享	用户能一键将 VR 视频分享至微信、微博、QQ、朋友圈等平台上
VR 眼镜全兼容	支持灵镜 VR、暴风魔镜、VRBOX、小宅、cardboard 等主流 VR 设备

图 6-10　榴莲 VR APP 的功能特色

6.2　游戏类虚拟现实 APP

　　虚拟现实技术在游戏里的应用也非常普遍，例如《Sisters》和《Legendary VR》都属于虚拟现实类游戏。

　　《Sisters》是一款恐怖类的虚拟现实游戏，这款虚拟现实游戏以打造恐怖主题为主，通过虚拟现实技术让玩家仿佛置身其中，观察房间里的两姐妹正在经历的事情，带给玩家别样的刺激，如图 6-11 所示。

　　人类控制机器人与怪兽对抗的场景多次出现在电影中，让对科幻感兴趣的人充满向往，而在传奇电影虚拟现实《Legendary VR》这款游戏中，人们就能享受到人类控制机器人这种福利，戴上虚拟现实头盔，就能感受到自己置身机器人体内与怪兽对抗的体验，如图 6-12 所示为《Legendary VR》的宣传内容。

图 6-11　虚拟现实恐怖游戏《Sisters》

图 6-12 《Legendary VR》虚拟现实游戏

本节笔者为大家介绍几款游戏类的虚拟现实 APP。

6.2.1 女神星球

《女神星球》是一款全沉浸式的 VR 互动游戏，玩家可以跟游戏的二次元女神进行各种互动，如图 6-13 所示为《女神星球》的游戏界面。

图 6-13 《女神星球》的游戏界面

《女神星球》是一款第一人称视角的 VR 游戏，支持各种虚拟现实眼镜，当玩家戴上虚拟现实眼镜进入游戏之后，就会置身在一间小屋中，玩家可以实现如图 6-14 所示的操作。

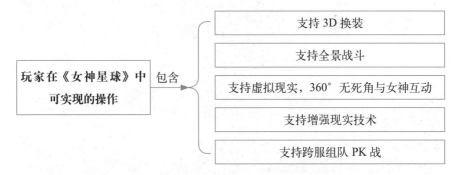

图 6-14　玩家在《女神星球》中可实现的操作

6.2.2　龙之忍者 VR

《龙之忍者 VR》游戏是一款由经典同名格斗游戏改编而来的 VR 游戏，在游戏界面中，玩家将会与众多忍者展开格斗，利用虚拟现实设备能够让玩家体验到身临其境的感受，如图 6-15 所示为《龙之忍者 VR》的游戏界面。

图 6-15　《龙之忍者 VR》的游戏界面

在该游戏中，玩家可以体会到如图 6-16 所示的几大体验。

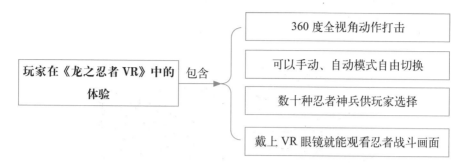

图 6-16　玩家在《龙之忍者 VR》中的体验

6.3　其他类虚拟现实 APP

除了火爆的视频类和游戏类虚拟现实 APP 之外，还有很多其他类型的虚拟现实 APP，本节笔者将为大家介绍一些其他类型的虚拟现实 APP。

6.3.1　暴风魔镜 Pro APP

暴风魔镜 Pro App 是由暴风魔镜发布的官方 APP，主要与暴风魔镜设备配套使用，该 APP 融合了暴风海量的视频资源，让用户能够从中体验到身临其境的视频享受，如图 6-17 所示为暴风魔镜 Pro App 的界面。

图 6-17　暴风魔镜 Pro App 的界面

用户如果想观看 VR 视频，只要单击右上角的"进入 VR"按钮，就能进入相应的向导界面和操作引导界面，如图 6-18 所示。

图 6-18　向导界面和操作引导界面

暴风魔镜 Pro App 主要为用户提供如图 6-19 所示的几大功能。

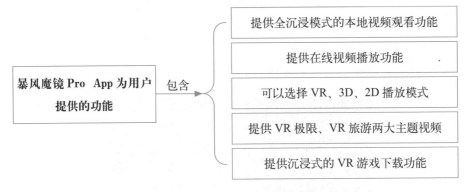

图 6-19　暴风魔镜 Pro App 为用户提供的功能

6.3.2　VR 社区

VR 社区 APP 是一个虚拟现实讨论分享的社区，如图 6-20 所示为 VR 社区 APP 界面，该社区是专门为 VR 爱好者打造的，在该应用中，用户可以观看全景视频，也可以讨论分享有关 VR 的资源和知识。

图 6-20　VR 社区 APP 界面

综合来说，VR 社区的特色功能包括如图 6-21 所示的几点。

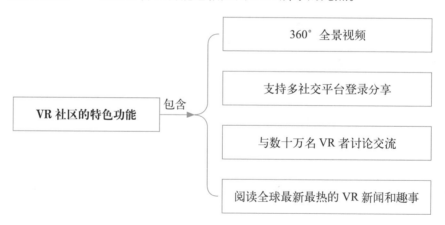

图 6-21　VR 社区的特色功能

第 7 章

应用：VR 在不同领域的应用

学前提示

随着虚拟现实技术的不断提高以及成本的降低，虚拟现实设备在不同领域的运用也渐渐成为可能。2016 年，虚拟现实技术将会从许多不同的方面来造福各行各业，本章主要为读者介绍虚拟现实在多个行业领域的应用。

要点展示

▶ 在医疗健康领域的应用 ▶ 在房地产领域的应用

▶ 在娱乐游戏领域的应用 ▶ 在影音媒体领域的应用

▶ 在城市建设领域的应用 ▶ 在能源仿真领域的应用

▶ 在旅游行业领域的应用 ▶ 在工业生产领域的应用

7.1 在医疗健康领域的应用

在过去的时间里，虚拟现实技术主要是被运用在如图 7-1 所示的医疗领域中。

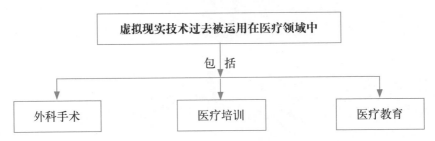

图 7-1 虚拟现实技术过去被运用在医疗领域中

随着虚拟现实技术、仿真技术以及压力反馈技术的深入发展，很多厂商抓住虚拟现实在医疗健康领域的商机，开发出了临床医生能够进行外科手术的虚拟现实产品，让医生在练习外科手术时能够通过虚拟现实设备产生视觉和触觉的双重体验。

除了在外科手术上具有不可比拟的优势之外，在医疗培训和医疗教育中，虚拟现实设备也是一项非常合适的选择，原因有两点，如图 7-2 所示。

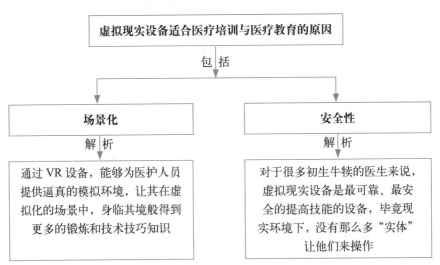

图 7-2 虚拟现实设备适合医疗培训与医疗教育的原因

而且在医疗领域中，医生和医疗专业人员因为有很多平时不能接触到的手术操作，可以通过虚拟现实视频来让自己置身其中，观看手术操作的细节，实现更好的医疗培训和医疗教育。

接下来笔者将为大家介绍虚拟现实在医疗行业的应用情况。

7.1.1　医疗健康行业分析

虚拟现实技术在医疗行业中的应用包括：医学练习、医疗培训与教育、康复训练和心理治疗。

1. 医学练习

运用虚拟现实技术进行医学练习其实就是运用虚拟现实技术进行虚拟现实手术，它能够帮助医生熟悉手术的过程，并且提高手术的成功率。

虚拟现实手术的原理是什么呢？虚拟现实手术就是基于医学影像数据，在计算机中用 VR 技术建立一个虚拟环境，医生借助虚拟设备，例如虚拟现实眼镜、虚拟现实头盔等在虚拟环境中进行手术计划和练习，虚拟现实技术与虚拟现实设备的结合，给医生带来沉浸式的手术体验，让医生仿佛置身于一场真实的手术中，虚拟现实手术的目的是为医生实际手术打好基础，如图 7-3 所示为骨科虚拟现实手术。

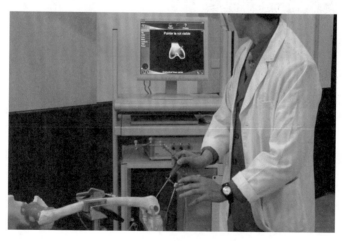

图 7-3　骨科虚拟现实手术

Medical Realities 公司开发了一款虚拟现实手术设备——The Virtual Surgeon，这款产品能够让医生身临其境般地参与到外科手术的过程中，其主要的技术和内容以下几方面。

- 360 度视频技术；
- 虚拟现实 3D 技术；
- 交互式的医疗内容。

通过虚拟现实手术，不仅能够帮助医生对病情有更好的诊断，提高医疗效率，同时还能够帮助医生及时制作手术方案，提高医护间的协作能力。

2. 医疗培训与教育

在虚拟现实医疗领域，除了虚拟现实手术之外，还有虚拟现实医疗培训和教育，例如通过虚拟人体让医疗人员了解人体的构造和功能，如图 7-4 所示。

图 7-4   通过虚拟人体让医疗人员了解人体的结构

除了通过虚拟人体进行医疗培训之外，还可以通过开发医疗现实医学教学软件来实现医疗教育和培训，例如隶属于迈阿密儿童健康系统的尼克劳斯儿童医院和 Next Galaxy Corp 公司合作，制作了专用的虚拟现实医疗培训的软件，主要的操作包括以下 3 点。

- Foley 导管置入操作；
- 心脏复苏操作；
- 伤口护理操作。

在帮助医护人员更好地获取信息的同时，还能提高医疗培训的效率。

3. 康复训练

将虚拟现实技术应用到康复医学领域，具有以下几点优势。

- 可以提高康复安全性；
- 可以提高患者的舒适性；
- 能够增加医患的互动性。

康复训练包括肢体治疗、残疾人士功能辅助治疗等，在肢体治疗中，可以将虚拟现实技术与娱乐相结合，由屏幕为患者提供一种虚拟情境，让患者置身于某个游戏或者某个旅游情境中，增加患者的快乐感，提高患者的治疗情绪，如图 7-5所示。

图 7-5　通过虚拟现实进行康复治疗

残疾人士功能辅助治疗是指通过特制的人机接口让残疾人士在虚拟现实情境中实现生活自理，产生一种身临其境的感受，帮助他们提升生活的乐趣和品质。

对于瘫痪人群来说，虚拟现实康复治疗也是一个很好的选择，Wayne Bethke是一名瘫痪病人，开始时头部以下都不能动，后来通过一款名为 Omni VR 的虚拟康复系统的康复治疗，Wayne Bethke 的健康慢慢恢复，如图 7-6 所示是 Wayne Bethke 在训练的场景。

从外观看上去，Omni VR 好像是一台游戏设备，但实际上它是一款能够用于职业病治疗、身体治疗和语言治疗的虚拟现实设备。

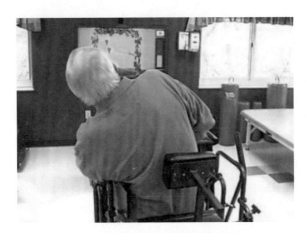

图 7-6　Wayne Bethke 进行康复训练的场景

4. 心理治疗

目前，虚拟现实技术已经被应用于有心理创伤的病人，涉及的范围包括心理恐惧症、创伤后应激障碍、焦虑症等。

有一家公司针对飞行焦虑症的患者，开发了一款虚拟现实模拟飞行程序，在心理医生的指导下，飞行焦虑症患者戴上虚拟显示器，如图 7-7 所示，然后通过软件控制虚拟环境中的各种飞行条件，直到慢慢适应这些飞行环境，以此来达到克服心理障碍的目的。

图 7-7　通过虚拟现实技术治疗飞行焦虑症患者

而另一家医疗机构则主要致力于治疗那些因脊髓受伤而留下心理疾病的病人，通过传感动作捕捉设备、头戴式虚拟现实设备以及加上医生的暗示，帮助病人突破心理障碍，如图 7-8 所示。

图 7-8　虚拟现实设备治疗因脊髓损伤、截肢而留下心理疾病的病人

其实在很多年前，就有人将虚拟现实技术运用到恐高症患者的治疗中，在30个恐高患者中，有90%的人获得了明显的治疗效果。

同时虚拟现实技术也被运用在拥有社交焦虑症患者的治疗中，通过建立各种虚拟社交场景，帮助患者克服焦虑症。

在治疗创伤后应激阻碍(Post-traumatic Stress Disorder，PTSD)中，虚拟现实也有所贡献。

什么是创伤后应激阻碍？创伤后应激阻碍是指个体在经历过一个或多个涉及生命威胁的事，或受过严重的伤后，所导致的个体延迟出现和持续存在的精神障碍。

这是一种心理疾病，从很久以前开始，虚拟现实技术就已经用来治疗烧伤后有强烈痛感或者长期处于恐惧和害怕状态中的士兵，主要通过刺激实现痊愈，如图 7-9 所示为一名女兵在运用 VR 技术治疗创伤后应激阻碍的场景。

图 7-9　士兵运用 VR 技术治疗创伤后应激阻碍

7.1.2 医疗健康行业案例分析

在虚拟现实医疗领域，也有很多优秀的案例，本节为读者介绍几个比较典型的虚拟现实医疗案例。

1. Maestro AR3D 机器人仿真手术

模拟科技公司曾为机器人手术仿真联系设计过一款增强现实软件，这款软件名叫 Maestro AR3D，包括如下多种手术类型的练习模式。

- 肾部分切除术；
- 子宫切除术；
- 前列腺切除术；
- 其他普通外科手术等。

在 2014 年的美国泌尿学会 (American Urological Association，简称 AUA) 年会上，Maestro AR 向人们展示了其肾部分切除术的功能，学员通过虚拟机器人对解剖区域进行操作。在手术过程中，伴有吉尔博士的音频指导，包括如图 7-10 所示的 5 个步骤。

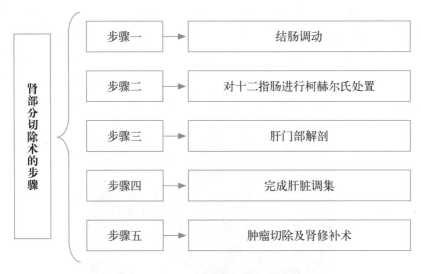

图 7-10　肾部分切除术的步骤

2. 虚拟现实技术对中风病起作用

根据澳大利亚的 Stroke Foundation 调查显示有关中风的现状如图 7-11 所示。

死于中风的女性比死于乳腺癌的女性要多

死于中风的男性比死于前列腺癌的男性要多

澳大利亚调查显示有关中风的现状

2015 年的 5 万例首发的和复发的中风病例中，大约每周 1 千例

图 7-11　澳大利亚调查显示有关中风的现状

中风问题已经如此严峻，而中风之后活着的人能够康复更是困难，为此，很多研究人员开始就虚拟现实技术能否帮助病人提前恢复展开研究。

● 在澳大利亚的默多克大学，一款虚拟现实康复系统已经被研发出来，这款虚拟现实康复系统被取名为 Neuromender，通过虚拟情境以及人机交互技术，帮助中风病人进行康复治疗。

● 加拿大的一项研究表明，通过虚拟现实游戏进行康复治疗的病人拥有更好的平衡感和协调性。

● 以色列的一项研究表明，在康复训练中，对中风病人使用虚拟现实游戏比那些没有玩这些游戏的病人取得更大的进展。

从这些研究可以看出，将虚拟现实技术应用在中风患者康复治疗上能够起到一定的效果。

3. 卡伦临床虚拟现实康复系统

卡伦系统 (CAREN) 是一款将先进尖端技术融合在一起的临床康复系统，如图 7-12所示，该系统融合了三维运动捕捉技术、浸入式治疗技术、三维测力技术、自动化控制的 6 个自由度运动平台技术等高端技术，通过结合虚拟现实技术，为医疗康复打开了新思路。

图 7-12　卡伦系统

卡伦系统集诊断、治疗、评估、实时反馈为一体，具体功能如图 7-13 所示。

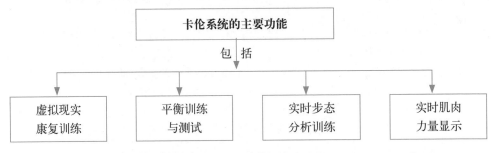

图 7-13　卡伦系统的主要功能

1) 虚拟现实康复训练

卡伦系统通过虚拟现实技术为患者提供一系列的康复训练，在康复训练的过程中，患者能够根据自己的需求更换虚拟情境，同时还能借之游戏和传感设备来增加康复训练的趣味性和提高治疗的积极性。

2) 平衡训练与测试

卡伦系统能够通过采集如图 7-14 所示的丰富数据，使患者在静态或动态的运动平台上保持平衡。

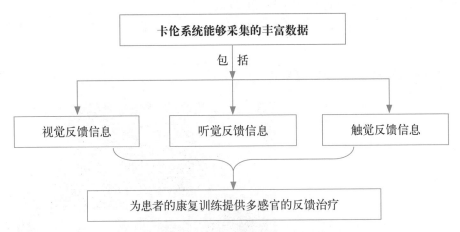

图 7-14　卡伦系统能够采集的丰富数据

卡伦系统在为患者提供平衡测试和训练时，主要是通过模拟各种真实的不稳定的平衡环境来实现的，如图 7-15 所示。

图 7-15　卡伦系统平衡测试与训练

3) 实时步态分析训练

在步态分析训练上，通过卡伦系统，患者能够获得如图 7-16 所示的丰富数据。

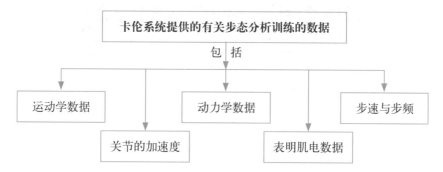

图 7-16　卡伦系统提供的有关步态分析训练的数据

如图 7-17 所示为卡伦系统大屏幕上实时显示的数据，通过这些数据，患者可以更好地了解自身的情况。

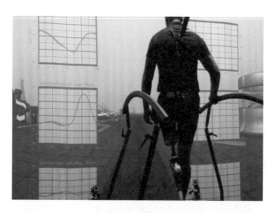

图 7-17　卡伦系统大屏幕上实时显示的数据

4) 实时肌肉力量显示

卡伦系统能够做到肌肉的可视化，并且通过大屏幕，患者还能直接获得训练时的肌肉收缩数据，并且通过颜色的变化了解自己的哪一块肌肉在用力、哪一块肌肉用的力度还不够，如图 7-18 所示。

图 7-18　卡伦系统实时肌肉力量显示

4. BZ/M-750 内窥镜手术虚拟现实训练系统

BZ/M-750 仿真训练系统是一款为内窥镜手术训练者提供培训方案的系统设备，通过虚拟现实技术和仿真技术，帮助训练者掌握基本的内窥镜检查和手术技能。

从系统硬件来看，该系统包括如图 7-19 所示的硬件设备。

BZ/M-750 仿真训练系统的硬件设备

- 手术机械模拟器
- 空间定位传感器
- 数据采集及发送通信硬件
- 数据处理中心服务器
- 数据库软件
- 显示装置

图 7-19　BZ/M-750 仿真训练系统的硬件设备

而系统的软件部分是和医学专家合作，并且完全基于CT或MRI等医学真实病例而研发的，主要包括如图7-20所示的部分。

图7-20　BZ/M-750仿真训练系统的软件设备

BZ/M-750仿真训练系统除了提供手术练习的平台之外，还能评估受训者的水平并对个别受训者的表现进行指导。

7.2　在娱乐游戏领域的应用

对于大部分人来说，现阶段的虚拟现实设备更多的是作为"游戏外设"被大家所认知的，虚拟现实技术让数码娱乐游戏的表现形式更加丰富、模拟感更加真实、趣味性更高。本节主要为读者介绍虚拟现实在娱乐游戏领域的应用。

7.2.1　娱乐游戏行业分析

2014年，著名社交服务网站Facebook以20亿美元收购Oculus Rift虚拟现实硬件厂商，象征着虚拟现实将在数码游戏领域抢占高地。

对于游戏玩家群体来说，没有人能够拒绝那种沉浸式的游戏体验，2016年有望成为"虚拟现实元年"，而虚拟现实在游戏领域中的应用，也将迈出更远的一步，很多虚拟现实厂商的研发都将围绕着虚拟现实游戏来进行。

1.三个发展阶段

虚拟现实技术近几年发展以来，已经在多个领域有了实际的应用，其中要属在数据娱乐游戏领域的应用最为丰富，因为游戏行业在技术层面的要求比其他行业在技术层面的要求更高，因此三维游戏对于虚拟现实技术的发展需求起到了很好的牵引作用。

游戏技术的发展共经历了三个阶段，如图7-21所示。

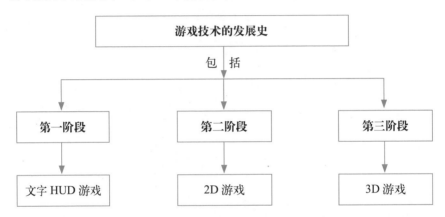

图 7-21　游戏技术发展经历的三个阶段

游戏技术的发展，让人们越来越有代入感，但依然无法实现完全沉浸式的体验，但虚拟现实技术的出现，为商家带来了机遇，也让玩家在游戏时享受到沉浸式的体验。玩家对游戏的需求越来越大，游戏行业的竞争也越来越激烈，虚拟现实游戏是游戏发展的必然趋势，而三维游戏的虚拟现实技术同时也促进了虚拟现实设备的产生。

2.头戴显示设备大显身手

虚拟现实游戏给人们的生活带来了奇妙的体验，有些创业公司希望通过虚拟现实技术，为用户提供一种沉浸式的体验，Oculus就是这样一家企业。Oculus是一家虚拟现实厂商，它虽然在2013年就已经崭露头角，但是直到被Facebook收购，才真正走进了人们的视野。

Oculus Rift是一款专为电子游戏设计的头戴显示设备，当玩家戴上它玩游戏的时候，就有一种置身其境的感觉，Oculus Rift头戴显示器包括如图7-22所示的部分。

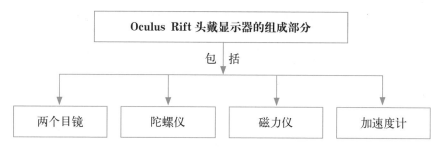

图 7-22　Oculus Rift 头戴显示器的组成部分

陀螺仪、加速度器和磁力仪等方向传感器能够实时捕捉玩家的头部活动，帮助跟踪调整画面，从而使游戏的沉浸感提升。

3. VR 的艺术魅力

在数字技术领域，虚拟现实技术正在推进人与机器的关系。作为一种神奇的科技成就，虚拟现实技术为人们呈现了一个从仿真之境到完全沉浸的虚拟空间，它不仅促进了人机交互，还打破了真实和虚拟之间的界限，虚拟情境中的一切都是可操纵、可编程的，它颠覆了人类的认知和逻辑，它具备独特的艺术魅力，其艺术魅力主要表现在如图 7-23 所示的几个方面。

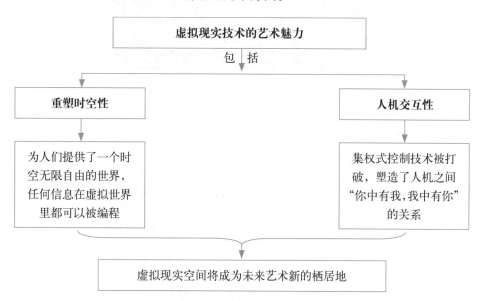

图 7-23　虚拟现实技术的艺术魅力

7.2.2　娱乐游戏行业案例分析

在虚拟现实游戏领域有很多优秀的案例，本节为读者介绍几个比较典型的虚拟现实游戏案例。

1. 虚拟现实沉浸式恐怖游戏

恐怖游戏《Affected：The Manor》是一款虚拟现实恐怖游戏，人们戴上Oculus Rif 虚拟现实头盔之后，就能够沉浸到游戏的情境中，那么，用虚拟现实头盔玩恐怖游戏是一种什么感受呢？

2015 年 1 月，REACT 团队邀请了数名玩家佩戴虚拟现实头盔 Oculus Rift 来玩恐怖游戏《Affected: The Manor》，当玩家戴上头盔之后，就如同进入到了一个真实的恐怖世界，他们会抑制不住地惊叫，如图 7-24 所示。

图 7-24　玩虚拟现实恐怖游戏时玩家的反应

2. 利用 Vive 玩虚拟现实游戏

Vive 是一款由 HTC 与 Valve 联合开发的虚拟现实头戴显示器，如图 7-25 所示。

图 7-25　虚拟现实设备 Vive

与三星 Gear VR 相比，Vive 有如图 7-26 所示的特点。

图 7-26　Vive 与三星 Gear VR 的区别

　　Vive 主要是为游戏而设计的，玩家可以在一个房间内体验虚拟世界，如图 7-27 所示为玩家通过 Vive 在玩游戏，Vive 本身的主要特点如图 7-28 所示。

图 7-27　玩家通过 Vive 在玩游戏

图 7-28　Vive 的主要特点

3. 360 度头部跟踪的跨平台产品

Trimersion 是美国最大的移动消费电子产品微型显示器生产商 Kopin 推出的虚拟现实设备,如图 7-29 所示。

图 7-29　虚拟现实设备 Trimersion

这款虚拟现实设备是一款针对游戏提供 360 度头部跟踪的跨平台产品,其主要特点如图 7-30 所示。

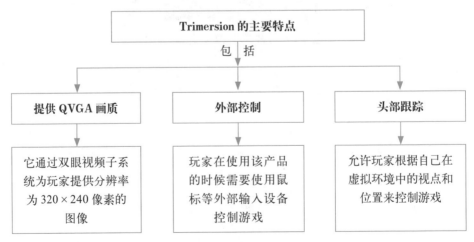

图 7-30　Trimersion 的主要特点

Trimersion 可以和如图 7-31 所示的设备配合使用。

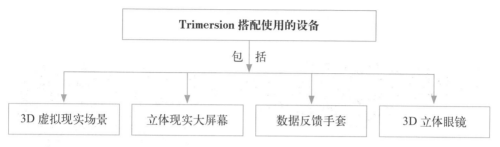

图 7-31　Trimersion 搭配使用的设备

4. 中国创造原生 VR 力量

3Glasses 是中国最早探索 VR 领域的公司之一，其发布的产品是亚洲首款沉浸式虚拟现实头盔，如图 7-32 所示为 3Glasses D1 开发者版。

图 7-32　虚拟现实头盔 3Glasses D1 开发者版

在 VR 领域，3Glasses 已经有十几年的积累，其主要的产品历程如图 7-33 所示。

图 7-33　3Glasses 的产品历程

3Glasses 可以被应用在多款游戏中，诸如来自 Epic Games 的《Showdown VR》等，2016 年的 CES 展上，3Glasses 推出了两款蓝珀系列的新品，分别叫

Blubur S1 和 Blubur W1，如图 7-34 所示为 Blubur S1 的体验版外观，如图 7-35 所示为 Blubur W1 体验版外观。

图 7-34　Blubur S1 的体验版外观

图 7-35　Blubur W1 体验版外观

7.3　在城市建设领域的应用

随着信息技术、虚拟现实技术的进步和发展，"虚拟城市""三维规划"在城市规划领域渐渐出现，这无疑给人们提供了一种全新的城市规划建设与管理的理念和手段。本节主要为读者介绍虚拟现实在城市规划领域中的应用。

7.3.1　城市建设行业分析

在"数字城市""虚拟城市""三维规划"应用中，最关键的技术之一就是虚拟现实技术，城市虚拟现实就是指将虚拟现实技术应用在城市规划、建筑设计等领域中，城市虚拟现实系统的生成原理如图 7-36 所示。

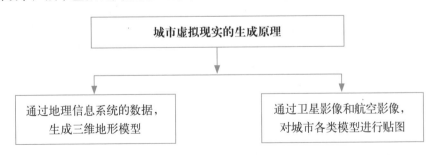

图 7-36　城市虚拟现实的生成原理

城市规划管理的基础性工作之一是规划方案的设计，目前常用的规划建筑设计表现方法及各方法的缺陷如图 7-37 所示。

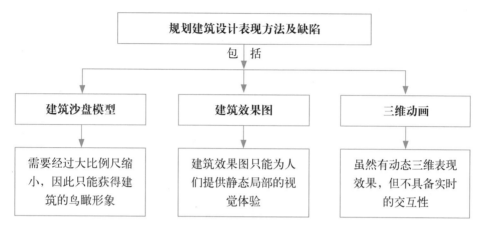

图 7-37　规划建筑设计表现方法及缺陷

城市虚拟现实系统能够弥补传统规划建筑设计表现方式的不足，它通过一个虚拟环境，为人们提供全方位的、身临其境的动态交互内容，如图 7-38 所示。

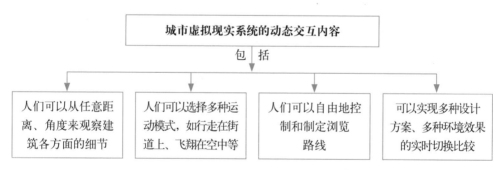

图 7-38　城市虚拟现实系统的动态交互内容

下面为大家介绍城市建设行业中的虚拟现实技术的应用情况。

1. 数字城市

数字城市就是将城市中的各项复杂系统通过数字网络、虚拟仿真、可视化等技术进行资源整合，构建出综合的信息平台。

虚拟现实技术可以被应用在城市规划的各个方面，并带来以下好处。

1) 规避设计风险

在城市规划领域，通过虚拟现实技术搭建的虚拟环境是严格按照工程的标准和要求建立的，因此用户在虚拟情境中，通过人机交互，能够发现那些不易被察觉的设计缺陷，提高项目的评估质量。

2) 提高设计效率

通过虚拟现实系统，可以通过修改系统中的参数来改变建筑中的各个项目的设计，这样做的好处，有如图 7-39 所示的几点。

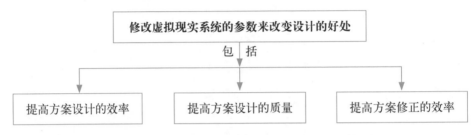

图 7-39　修改虚拟现实系统的参数来改变设计的好处

3) 方便展现方案

虚拟现实给用户带来逼真的感官冲击，同时通过虚拟现实数据接口，能够在虚拟情境中获得项目数据资料，有利于各种规划设计方案的展现和评审。

2. 地理地图

传统的地图具备 3 个明显的特征，如图 7-40 所示。

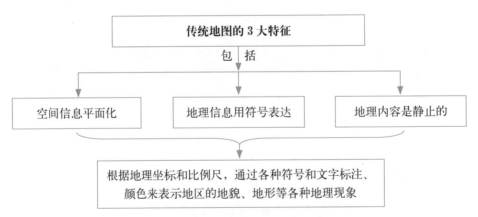

图 7-40　传统地图的 3 个特征

随着计算机技术和 VR 技术的发展，虚拟现实地图诞生了，虚拟现实地图能够建立一个三维虚拟情境，让人们沉浸在该情境中，同时还能通过人机交互工具模拟人的自然空间方位的认知，通过虚拟现实地图，人们可以实现如图 7-41 所示的功能。

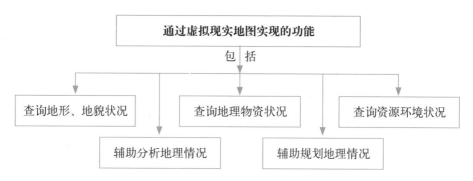

图 7-41　通过虚拟现实地图实现的功能

虚拟现实地图具有重要的现实意义，如图 7-42 所示。

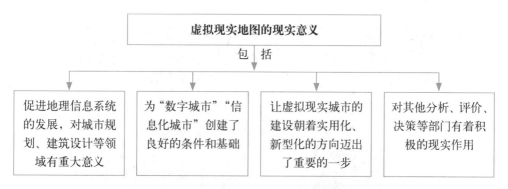

图 7-42　虚拟现实地图的现实意义

3. 道路桥梁

在道路桥梁方面，虚拟现实技术也发挥了作用，由典尚设计有限公司自主开发的虚拟现实平台软件，已经被应用于桥梁道路设计行业中，该软件的主要特点如下。

- 适应性强。
- 操作简单。
- 高度可视化。

虚拟现实技术应用在道路桥梁领域，通过各类数据信息的植入和多种媒体信息的辅助，再加上虚拟现实技术的交互作用，实现多种便捷的功能，如图 7-43 所示。

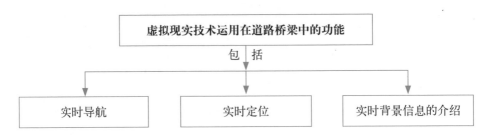

图 7-43　虚拟现实技术运用在道路桥梁中的功能

　　虚拟现实技术运用在道路桥梁领域，能够给人们带来逼真的、直观的视觉效果，同时帮助人们实现可操作性的评估和预演，不仅能够提高设计和施工效率，还能降低风险，如图 7-44 所示为三维道路桥梁展示。

图 7-44　三维道路桥梁展示

4. 轨道交通

　　将虚拟现实技术运用在轨道交通领域，就是模拟出从交通工具的设计到运行维护的各个阶段的虚拟环境，让人们通过这些虚拟环境加深对轨道交通的认知和了解，虚拟现实轨道交通主要包括虚拟设计、虚拟装配和虚拟运行 3 个部分，相关介绍如图 7-45 所示。

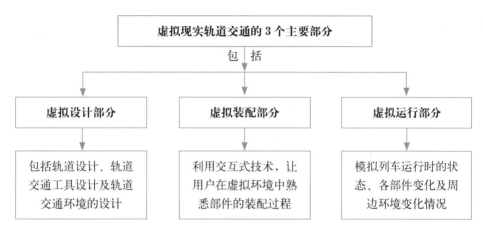

图 7-45　虚拟现实轨道交通的 3 个主要部分

7.3.2　城市建设行业案例分析

在虚拟现实城市规划领域有很多优秀的案例，本节为读者介绍几个比较典型的虚拟现实城市规划案例。

1. 数字城市仿真系统

在数字城市领域，火凤凰不断深入开发解决方案，以满足不同层次的客户对虚拟现实城市的需求，通过火凤凰数字城市仿真系统，用户能够在十分逼真的虚拟场景中，对将来要修建的城区进行沉浸式的审视。

用户在虚拟情境审视的过程中，除了必需的软件外，还需要凭借一定的硬件设备来实现人机交互体验，这些硬件设备包括：数据头盔、方位跟踪器、数据手套、虚拟现实眼镜等。

火凤凰数字城市仿真体系主要由以下 5 个部分组成。

- 虚拟外设设备。
- 大屏幕投影显现体系。
- 虚拟现实仿真体系软件。
- 虚拟仿真音响及操控体系。
- 仿真主机和辅佐核算设备。

目前，火凤凰研发的如图 7-46 所示的系统在国内同行业中处于领先地位。

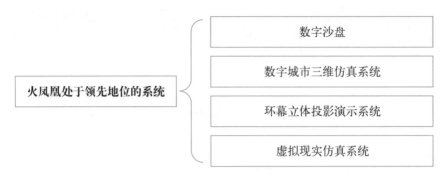

图 7-46　火凤凰处于领先地位的系统

　　火凤凰数字城市仿真体系的核心思想是作用于城市的修建、策划和设计，尤其是带有古城风情的城区及具备人文环境城区的场景再现，让人们在虚拟场景中以不同的视角欣赏城区的建设，就如同旅游散心一般。

2. 数字城市沙盘

　　数字城市沙盘又叫多媒体城市沙盘，其表现形式如图 7-47 所示。

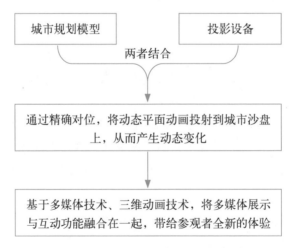

图 7-47　数字城市沙盘的表现形式

　　数字城市沙盘从多角度、全方位地展示虚拟现实数字城市信息，其中包含以下多个系统。

- 大面积 LED 播放系统。
- 大面积投影拼接系统。
- GIS 城市地理信息系统。

- 虚拟现实城市系统。
- 海量数字城市模型数据系统。

7.4 在旅游行业领域的应用

虚拟现实技术已经被应用在旅游行业中，在不久的将来，针对旅游市场的虚拟现实技术应用，或将成为旅游业发展的真正突破口，本节主要为读者介绍虚拟现实在旅游行业领域的应用。

7.4.1 旅游行业分析

虽然我国旅游业一直在蓬勃发展，然而，传统旅游业的不足也依然存在，主要包括如图 7-48 所示的几方面。

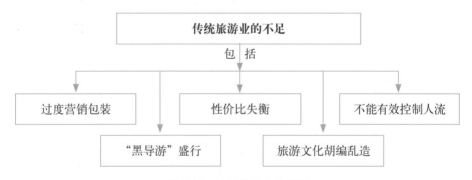

图 7-48　传统旅游业的不足

面对这样的旅游现状，很多商家看到了另一个商机——虚拟旅游，什么是虚拟旅游？虚拟旅游就是指通过虚拟现实技术，构建一个基于现实旅游景观的虚拟旅游情境，用户只要通过虚拟现实设备就能在虚拟情境中观赏各处的美景。

简单地说，虚拟旅游就是让用户足不出户，就能欣赏到世界美景的一种技术，如图 7-49 所示为南京中山陵的虚拟场景。

随着社会的发展，人们的生活节奏越来越快，生活压力和工作压力也越来越大，旅游便成为人们休闲娱乐、放松心情的方式之一，但是对于大多数人来说，时间和精力成为出门旅游的最大难题，虽然有国家法定节假日，但是与其出去面对寸步难移的、人山人海的场景，还不如"宅"在家享受属于自己的休闲时光。

图 7-49　南京中山陵的虚拟场景

而虚拟旅游能够解决这一系列问题，虽然我国虚拟旅游发展时间并不长，但是它以其独特的优势成为商家们的必争之地，虚拟旅游的优势主要包括如图 7-50 所示的几点。

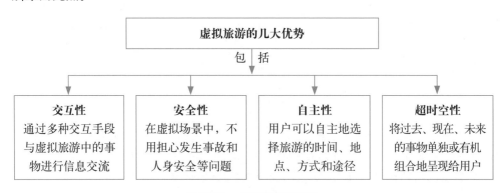

图 7-50　虚拟旅游的优势

下面笔者为大家介绍旅游行业的虚拟现实技术的应用。

1. 虚拟导游训练系统

随着旅游业的快速发展，导游的重要性也越来越突显，传统线下的导游培训往往存在如图 7-51 所示的问题。

图 7-51　传统线下导游培训存在的问题

　　基于这些问题，如何优化导游的教学过程、提高教学质量，就成为导游培训行业必须解决的难题之一。

　　通过虚拟导游训练系统，能够很好地帮助导游行业进行人才的培训和指导，有关虚拟导游训练系统的介绍如图 7-52 所示。

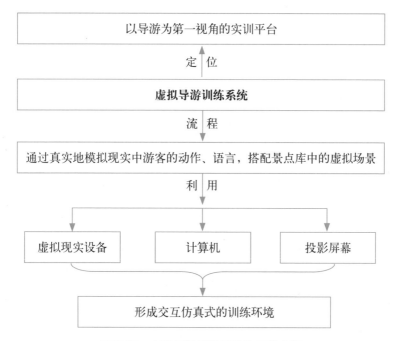

图 7-52　虚拟导游训练系统的相关介绍

　　通过虚拟导游训练系统，用户可以进入完全沉浸式的学习，首先模拟出真实的旅游路线，然后根据模拟情境进行导游实践演练，这样不仅能够提高学习效率，还能增强学习的娱乐性。

2. 古文物建筑复原系统

通过虚拟现实技术和网络技术，可以将古代文物及建筑的展示、保护提升到一个新高度，主要体现在如图 7-53 所示的几方面。

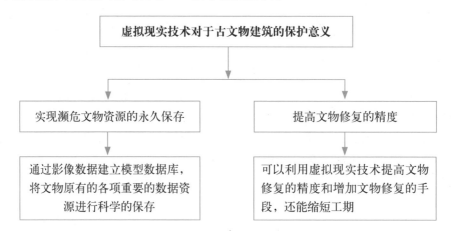

图 7-53　虚拟现实技术对于古文物建筑的保护意义

同时，虚拟现实技术能够帮助人们远程欣赏那些具有极高研究价值的古文物和建筑，推进文物遗产行业更快地进入信息化时代。

目前，虚拟现实技术能够在文物古迹虚拟仿真方面提供的服务如图 7-54 所示。

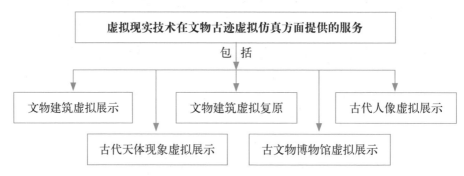

图 7-54　虚拟现实技术在文物古迹虚拟仿真方面提供的服务

3. 景区虚拟全景规划

将虚拟现实引入景区全景规划中来，起源于虚拟现实在建筑领域的应用，其主要流程如图 7-55 所示。

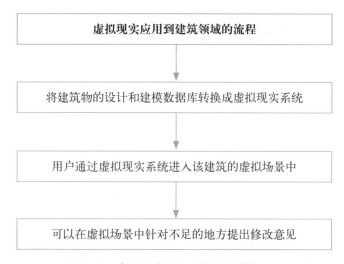

图 7-55　虚拟现实应用到建筑领域的流程

同样的思路也可以应用在景区全景规划上，流程如图 7-56 所示。

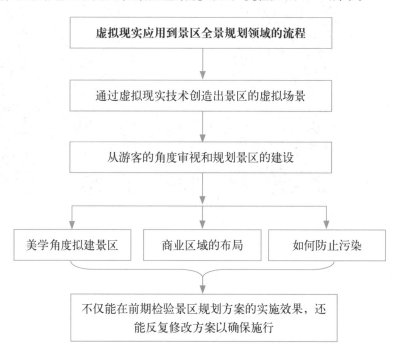

图 7-56　虚拟现实应用到景区全景规划领域的流程

7.4.2　旅游行业案例分析

在虚拟现实旅游领域有很多优秀的案例，本节为读者介绍几个比较典型的虚拟现实旅游的案例。

1. 旅游局开启虚拟现实体验

《狂野自然，尽在我心》是由加拿大不列颠哥伦比亚省旅游局（以下简称 BC 省旅游局）发布的一项虚拟现实体验计划，该计划主要以头戴式显示器为载体、以 BC 省的风景为虚拟 3D 视频的内容，让游客通过头戴显示设备，身临其境般领略 BC 省的无限风光，如图 7-57 所示为游客正在体验的场景。

图 7-57　游客正在体验《狂野自然，尽在我心》虚拟现实视频

BC 省旅游局首席执行官 Marsha Walden 女士认为，虚拟现实技术非常适合旅游业的发展，它能够让用户以全新的方式沉浸在 BC 省的风光中。

2. "绝妙的旅行"体验

"绝妙的旅行"（Travel Brilliantly）是由万豪国际推出的一项虚拟现实主题活动，万豪国际通过 Relevent 公司制造的内置 Oculus Rift 虚拟现实头盔的"传送点"，为用户带去一场"绝妙的旅行"。

当用户戴上 Oculus Rift 虚拟现实头盔之后，就可以瞬间转移到伦敦或者是夏威夷，360 度无死角地观赏四周的美景，包括头上、脚下也都是影像，真正实现了身临其境。

3. Thomas Cook 发力

Thomas Cook 集团从 2014 年开始尝试虚拟现实旅游领域，目前，Thomas Cook 提供虚拟现实体验服务的分店有十个，用户只要戴上虚拟现实头盔，就能购买想要的体验，然后在虚拟场景中欣赏自己想看的风景。

据统计，Thomas Cook 纽约门店的项目营收因为虚拟现实体验服务而增加了 190%。目前，Thomas Cook 集团和 Visualise 公司合作，计划推出"旅游录像"。

"旅游录像"是一个通过相机进行 360 度全角度录制的视频，图 7-58 所示为虚拟现实短片中在直升机上看到的曼哈顿夜景。

图 7-58　虚拟现实短片中曼哈顿的夜景

4. 赞那度推出 VR APP

2015 年 12 月 15 日，高端旅行预订网站及时尚生活网络媒体赞那度推出了中国第一个旅行 VR APP 产品，在赞那度推出虚拟现实产品之前，国内市场还没有太多优质的 VR 内容，因此，赞那度此次推出这款虚拟现实产品的原因主要有以下三点。

- 让没有机会出去旅游的人欣赏到世界各地不同的美景。
- 让即将出门旅游的人提前了解目的地。
- 创造出更多、更优质的虚拟现实内容。

赞那度表示，未来沉浸式的虚拟现实旅游体验会涵盖如下内容。

- 旅游景点。
- 精品酒店。
- 度假村等。

目前，赞那度已经在北京进行了拍摄，如图 7-59 所示为其虚拟现实短片中的北京长城的场景。除了北京之外，未来还会涵盖马尔代夫、巴黎、新西兰等热门旅游目的地。

图 7-59　虚拟现实短片中的北京长城的场景

5. 虚拟现实登月

很多人都有一个登月梦，然而能够登上载人飞船飞上月球的人却是凤毛麟角，为了弥补这种缺憾，Immersive Education 制作了"阿波罗 11 号"的虚拟现实内容，用户只需使用虚拟现实设备就能实现登月梦。

"阿波罗 11 号"虚拟现实内容支持多个平台，如图 7-60 所示。

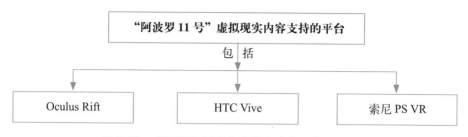

图 7-60 "阿波罗 11 号"虚拟现实内容支持的平台

6. 3D 青铜时代遗址

虚拟现实已经被应用在博物馆体验中，据悉，2015 年 8 月，大英博物馆联手三星在 Virtual Reality Weekend 中为 13 岁以上的游客提供虚拟现实设备，让游客探索 3D 的青铜时代遗址。

此次 VR 展览以青铜时代的一个居住区的圆屋为原型，游客通过佩戴 Gear VR 设备可以体验到由 Soluis Heritage 设计的虚拟现实穹顶。

除了通过佩戴 Gear VR 设备获得虚拟现实体验之外，还可以通过如下两种方式来获得。

- 三星 Galaxy 平板电脑；
- 交互式"球幕电影"屏幕。

7.5 在房地产领域的应用

随着社会的发展，我国房地产行业的竞争越来越激烈，而如何在众多项目中脱颖而出，让客户主动参与，就成了房地产营销的关键，而这正是虚拟现实技术在房地产行业应用最明显的优势。本节主要为读者介绍虚拟现实在房地产领域的应用。

7.5.1 房地产行业分析

虚拟现实房地产通常以虚拟数字沙盘和楼盘漫游的形式出现在住房交易展览会或销售展厅上，在房地产领域，虚拟现实技术能够发挥如图 7-61 所示的作用。

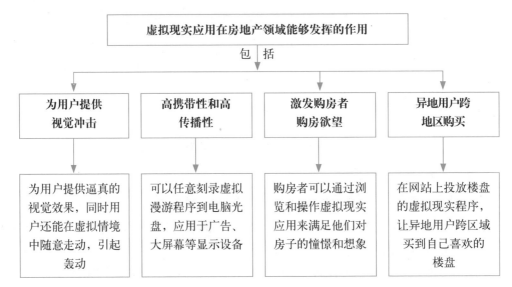

图 7-61　虚拟现实应用在房地产领域能够发挥的作用

将虚拟现实技术应用到房地产领域一直被看好，原因在于通过虚拟现实三维交互系统，能够将精致的模型细节和优质的画面效果带给用户，如图 7-62 所示为虚拟房间场景。

图 7-62　虚拟房间场景

下面笔者将为大家介绍房地产行业的虚拟现实技术的应用情况。

1. 房产开发

将虚拟现实技术应用在房产开发领域，能够带来如图 7-63 所示的优势。

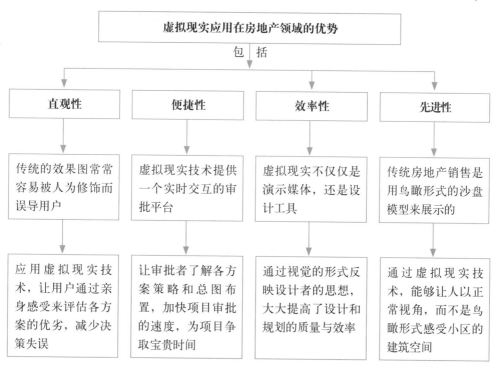

图 7-63　虚拟现实应用在房地产领域的优势

2. 地产漫游

地产漫游是指利用虚拟现实、三维仿真技术将现实中的地产进行虚拟情境化，然后让人们在这个虚拟情境中，用动态交互的方式对建筑或房屋进行身临其境的全方位的审视，地产漫游的主要特点包括以下 3 点。

- 人机交互性；
- 真实建筑空间感；
- 大面积三维地形仿真。

在地产漫游中，人们可以自由控制浏览路线，还能自由选择运动模式，例如：行走、驾驶、骑自行车、飞翔等，如图 7-64 所示为骑自行车漫游模式。

图 7-64　骑自行车漫游模式

地产漫游是一种全新的地产营销方式，在漫游过程中，通过虚拟现实和三维仿真技术，能够给用户带来强烈的、逼真的感官冲击，获得身临其境的体验。

据调查显示，通过虚拟现实技术展示的地产漫游房产，比没有虚拟现实技术展示的房产，购房效果和访问率都有所增加。在与政府沟通和广告层面，地产漫游具备如图7-65所示的优势。

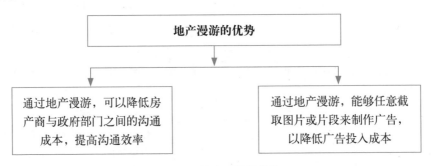

图7-65　地产漫游的优势

地产漫游的用途非常广，包括：

- 网上产品推广；
- 房产档案保存；
- 公司品牌推广；
- 公司网站展示；
- 售楼现场展示；
- 房地产项目展示；
- 项目报批、建设；
- 招商、招租等各类商业项目。

3. 虚拟售房

在虚拟售房领域，应该通过如图7-66所示的内容来满足用户多样化的需求。

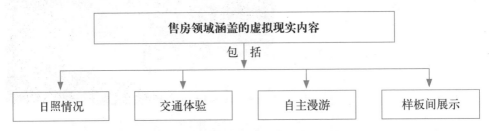

图7-66　售房领域涵盖的虚拟现实内容

在传统的购房体验中，买房无疑是非常劳累的一件事，需要人们耗时耗力地去找房、看房，但将虚拟现实技术应用在售房领域，就能够让买房客户足不出户便对房屋建筑有一个很好的空间判断，判断的内容包括如图 7-67 所示。

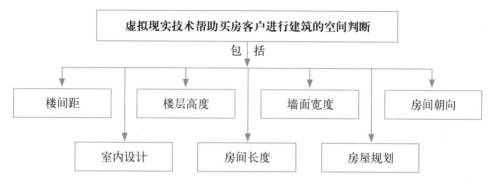

图 7-67　虚拟现实技术帮助买房客户进行建筑的空间判断

而且对于房地产商来说，传统的样板间还往往存在如图 7-68 所示的缺点。

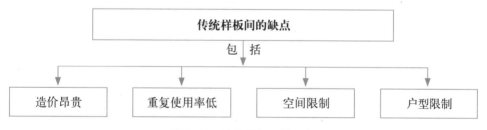

图 7-68　传统样板间的缺点

这些问题通过虚拟样板间就能够解决，在售房活动中，除了通过虚拟样板间进行房屋销售之外，还可以在网上进行虚拟现实看房销售。对于买房用户来说，通过虚拟样板间观察房间构造，还可以进行一系列的自主设计操作，譬如通过替换家具的款式、材质、颜色等，来提高用户的体验度。

4. 室内设计

对于房屋设计者来说，在设计房屋的时候，可以运用虚拟现实技术，按照自己的构思去装饰构建虚拟房间，将自己放置在房间的不同位置，去观察设计的效果，这样做的好处如图 7-69 所示。

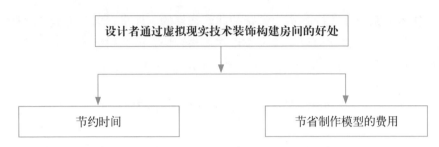

图 7-69　设计者通过虚拟现实技术装饰构建房间的好处

对于买房客户来说，房产商可以根据他们的要求，制定室内虚拟样板间，就像前面讲到的，客户可以在虚拟样板间里随意更换家居的摆设、款式、颜色，直到满意为止。

5. 场馆仿真

场馆仿真是指通过虚拟现实技术在计算机上将现实的场馆虚拟出来，形成一个仿真三维环境，场馆仿真的意义如图 7-70 所示。

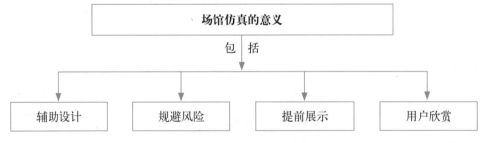

图 7-70　场馆仿真的意义

现实生活中，场馆建设最重要的就是前期的规划，因为场馆一旦建成，就不能再进行任何更改了，而通过虚拟现实技术构建虚拟场馆，不仅能够让场馆设计师们在虚拟场景中，发现并讨论设计方面的不足，也能够让人们在虚拟场馆中漫游，并根据自身的感受提出意见。

场馆仿真技术常常被运用在一些重要的建筑设计上，例如第 29 届奥运会的主比赛场馆鸟巢、水立方等在真正施工之前都进行了场馆仿真设计，如图 7-71 所示。

图 7-71　鸟巢、水立方的场馆仿真设计

7.5.2　房地产行业案例分析

在虚拟现实房地产领域有很多优秀的案例，本节为读者介绍几个比较典型的虚拟现实房地产的案例。

1. 虚拟现实科技馆

中国科协直属事业单位中国科学技术馆是我国唯一的国家综合性科技馆，场馆位于国家奥林匹克公园中心区，东临亚运居住区，西濒奥运水系，南依奥运主体育场，北接森林公园，占地 4.8 万平方米，建筑规模为 10.2 万平方米。

中国科学技术馆新馆设有 5 个主题展厅和 4 个特效影院，分别如图 7-72、图 7-73 所示。

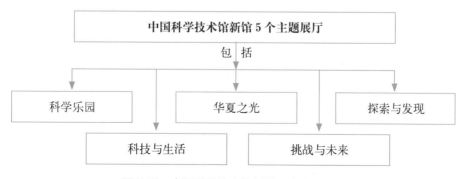

图 7-72　中国科学技术馆新馆 5 个主题展厅

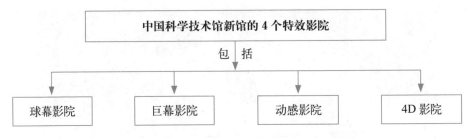

图 7-73　中国科学技术馆新馆的 4 个特效影院

中国科学技术馆新馆周边及室内采用仿真技术和虚拟现实技术进行各种综合规划，规划内容如图 7-74 所示。

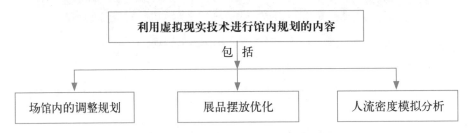

图 7-74　利用虚拟现实技术进行馆内规划的内容

通过虚拟现实技术对馆内进行综合规划，主要的意义如图 7-75 所示。

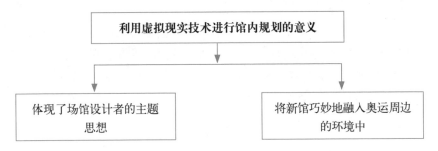

图 7-75　利用虚拟现实技术进行馆内规划的意义

2. 虚拟现实科技馆

辉煌国际海港城建筑规划工程是山东日照铭泰房地产开发有限公司开发的，相关介绍如图 7-76 所示。

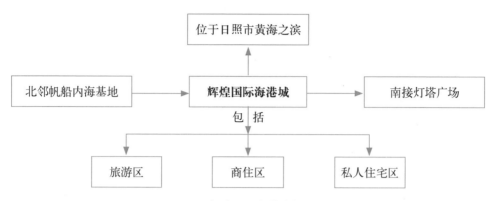

图 7-76 辉煌国际海港城相关介绍

　　辉煌国际海港城的精细建模共包含高层住宅、裙楼、中心广场、小桥等几大部分。为了拓展售房服务和渠道，吸引更多的用户买房、加盟，日照铭泰房产公司将辉煌国际海港城的两种户型的室内装饰效果和一个酒店大堂室内装饰效果制成了虚拟漫游场景，让用户享受到辉煌国际海港城的虚拟漫游体验。

7.6　在影音媒体领域的应用

　　随着虚拟现实技术的不断成熟，越来越多的领域开发出了全新的行业内容制作方法，影音媒体行业也跟随时代步伐，欲为观众带来交互式、身临其境式的影音体验。本节主要为读者介绍虚拟现实在影音媒体领域的应用。

7.6.1　影音媒体行业分析

　　当虚拟现实技术和头戴显示设备在游戏、医疗、城市规划、房地产等领域开始纵横的时候，另一个产业也在虚拟现实应用中悄悄地崛起，它就是虚拟现实电影产业。

　　目前的几家大型企业，例如三星、谷歌和 Oculus 等公司都希望通过电影的形式将虚拟现实技术带给观众，当今社会，影视媒体行业盛行，电影、视频成为人们最喜欢的消遣娱乐之一，因此每一个喜爱电影的人，都是虚拟现实行业的潜在客户。

　　所以，虚拟现实技术如果在电影领域里取得成功，一定会获得非凡的传播效应，成为市场上最主流的产业之一。

　　然而目前，想要拍摄一部成功的虚拟现实电影并非容易的事，它有两方面的要求，如图 7-77 所示。

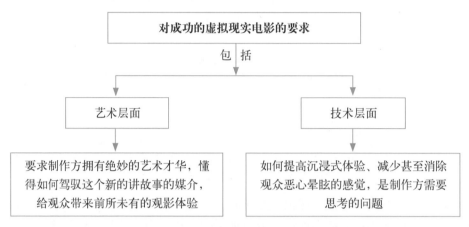

图 7-77　对成功的虚拟现实电影的要求

下面笔者将为大家介绍影音媒体的虚拟现实技术应用情况。

1. 电视节目

虚拟现实电视节目就是通过虚拟现实技术，将已有的电视节目制作成虚拟节目，让观众通过佩戴虚拟现实头盔就能沉浸其中。

Next VR 是一家致力于发展虚拟现实电视直播服务的公司，通过特制的摄像机在比赛现场拍摄虚拟现实视频，然后通过网络直播提供给三星 Gear VR 用户，目前，Next VR 已经成功制作了 NBA 最新赛季第一场虚拟现实直播内容，如图 7-78 所示为 Next VR 拍摄 NBA 虚拟现实直播内容的场景。

图 7-78　Next VR 拍摄 NBA 虚拟现实直播内容

2. 电影

3D 电影、4D 电影已经走进了人们的生活，现代科技的进步给电影行业带来颠覆的同时，也给观众带来了更好的观影体验，而随着虚拟现实技术的崛起，更多企业开始在虚拟现实领域布局，欲将虚拟现实技术带入电影行业：

● 一家名叫"Story Studio"的公司，主要任务是为虚拟现实电影编写剧本和故事，如图 7-79 所示。

图 7-79　Story Studio 公司

● Oculus VR 花费了 6 个月的时间制作了一部虚拟现实短片《LOST》，这个短片完全是互动的，观众被固定在一个位置上，一旦朝某一方向凝视时动作才会进行下去，仿佛真的迷失了一样。

● 三星制作了短片《Recruit》，如图 7-80 所示，而且还签下了《行尸走肉》的执行制片人 David Alpert，计划打造全新的虚拟现实系列影片。

图 7-80　虚拟现实短片《Recruit》

● 20 世纪福克斯在 2015 年推出了虚拟现实短片《火星救援》，如图 7-81 所示，并收购了一家虚拟现实技术公司，希望尝试运用虚拟和增强现实技术并与内容相结合。

图 7-81　虚拟现实短片《火星救援》

虚拟现实的发展蒸蒸日上，相信不久的将来，人们就能体验到虚拟现实电影带来的震撼和真实的体验了。

3. 音乐会

虚拟现实音乐会和其他虚拟视频一样，都是先用特制摄像头记录下现场音乐会的场景，然后用户再通过虚拟现实相关设备，就能体验一场身临其境的音乐会了。

虚拟现实影视公司 Jaunt 在 2014 年发布了一段 Mc Cartney 的音乐会视频，如图 7-82 所示，该视频被发布到 Oculus 和 Gear VR 上，用户通过 Google Cardboard、Oculus Rift 或者三星的 Gear VR 等虚拟现实设备，再加上一套兼容的 Android 设备就能下载应用，然后通过 360 度的视角享受音乐会带来不一样的体验。

图 7-82　Mc Cartney 的虚拟现实音乐会视频

7.6.2　影音媒体行业案例分析

在虚拟现实影音媒体领域有很多优秀的案例，本节为读者介绍几个比较典型的虚拟现实影音媒体的案例。

1. 荷兰虚拟现实电影院

VR Cinema 是荷兰一家创业公司准备着手打造的虚拟现实体验电影院，这也将成为世界首个虚拟现实体验电影院，同时该公司计划将虚拟现实电影在欧洲巡回放映，包括如图 7-83 所示的城市。

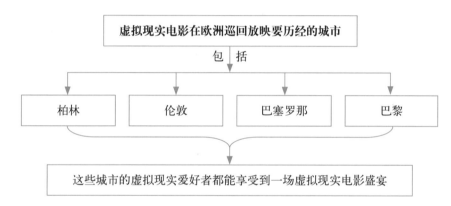

图 7-83　虚拟现实电影在欧洲巡回放映要历经的城市

与传统电影院相比，该虚拟现实电影院具备如图 7-84 所示的特点。

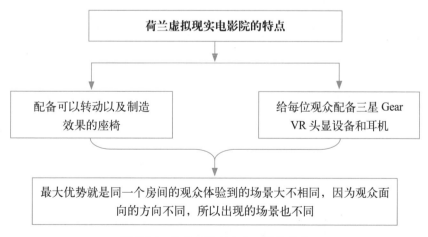

图 7-84　荷兰虚拟现实电影院的特点

2. 电影节虚拟现实项目

圣丹斯电影节是全世界首屈一指的独立制片电影节，与其他电影节相比，其最大的特点如下所示：

- 能促进电影深度、技术与多样性共同发展；
- 是一个倡导独立制片的电影节。

圣丹斯的独立、创新的特点让其成为虚拟现实电影的舞台，2016 年 1 月，圣丹斯电影节开幕，有 3 个虚拟现实电影项目登陆，如图 7-85 所示。

图 7-85　登陆圣丹斯电影节的虚拟现实电影项目

1) 卢卡斯的全息电影探讨项目

卢卡斯推出了一个影视媒体实验项目，该项目是通过影像工作者在实验室通过特制的数码摄像机，从不同角度拍摄出来的全息影像，该项目主要用于探讨全息或虚拟现实电影的细节及表现形式。

2) 把虚拟与增强现实融合的 Leviathan Project

Leviathan Project 项目能把 VR 技术和 AR 技术同时展现出来，具体表现形式如图 7-86 所示。

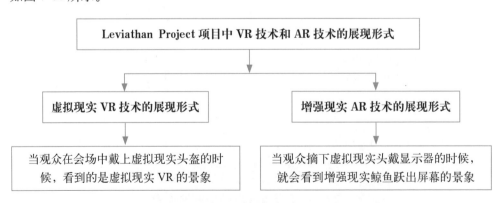

图 7-86　Leviathan Project 项目中 VR 技术和 AR 技术的展现形式

3) 采用互动电影形态的 Immersive Explorers

Immersive Explorers 项目，主要是采用一种互动电影形态，让观众不再只是从第三视角沉浸在电影中，而是参与到电影的情节中，通过虚拟现实设备共同探讨墓穴，这个非常吸引人。

3. 虚拟现实电影制作设备

为了在虚拟现实领域有进一步的发展，谷歌发布了一款虚拟现实电影制作设备，这款设备名叫 Google Jump，如图 7-87 所示。

图 7-87　虚拟现实电影制作设备 Google Jump

这款虚拟现实电影制作设备由 16 台 GoPro 相机阵列组成，可以拍摄 360 度的三维照片和视频。

4. 虚拟现实电影展

2015 年 10 月，英国电影协会主办的伦敦电影节与 Power to the Pixel 公司合作举办虚拟现实故事展，此次电影展中包括各类题材，如图 7-88 所示。

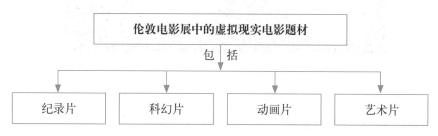

图 7-88　伦敦电影展中的虚拟现实电影题材

所有题材的电影都会被设计成虚拟现实电影，参展的电影作品共有 16 部左右，其中不乏大家耳熟能详的作品，如图 7-89 所示。

伦敦电影展的虚拟现实电影作品	Vrse 工作室与联合国合作创造的《锡德拉湾上空的云》
	英国自然历史博物馆和虚拟现实影视制作公司 Alchemy VR 共同创作的《生命起源》
	Felix & Paul 工作室的《太阳马戏团》和《侏罗纪世界》

图 7-89　伦敦电影展的虚拟现实电影作品

5. ABC 新闻《Inside Syria VR》

美国 ABC 新闻与虚拟现实影视公司 Jaunt VR 联合制作了虚拟现实新闻报道《Inside Syria VR》，该新闻报道通过虚拟现实技术让观众体验处于危机中的叙利亚，如图 7-90 所示。

图 7-90　虚拟现实新闻报道《Inside Syria VR》

该虚拟现实新闻报道兼容了 iOS 和 Android 系统，iOS 和 Android 系统的用户想要获得该虚拟现实新闻报道，就要进行如图 7-91 所示的操作。

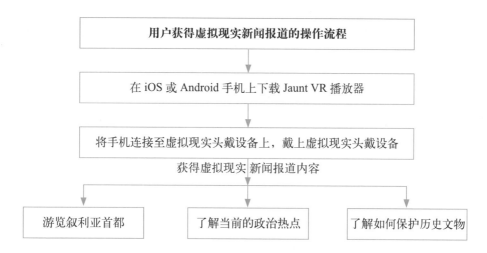

图 7-91 用户获得虚拟现实新闻报道的操作流程

6. 音乐视频《Song for Someone》

Vrse 公司 CEO 克里斯·米尔克称虚拟现实是人类的终极媒体，它将改变人类享受娱乐的方式，2015 年 10 月，Vrse 公司与 Apple Music 联合为 U2 乐队打造了一段虚拟现实音乐视频——《Song for Someone》，如图 7-92 所示。

图 7-92 虚拟现实音乐视频——《Song for Someone》

该音乐视频通过虚拟现实技术，让 U2 乐队的粉丝通过第三方虚拟现实头戴显示器和 Beats 耳机体验到现场演唱会的氛围，同时该虚拟现实音乐视频还是苹果推出的第一段虚拟现实视频，它象征着苹果踏出了向虚拟现实领域进军的第一步。

7.7 在能源仿真领域的应用

能源行业一直是一个应用潜力巨大的行业，伴随着能源的迅猛发展，如何提高能源项目执行效率并控制成本，是国家和企业所要面临的巨大挑战，将虚拟现实技术应用在能源领域，或许能够有效减少能源问题，本节主要为读者介绍虚拟现实在能源仿真领域的应用。

7.7.1 能源仿真行业分析

虚拟现实仿真系统适用于煤炭、石油、电力等领域，它包括能源应急仿真系统、能源设备管理系统、能源安全管理系统、能源生产管理系统等，虚拟现实能源的研究、开发及应用，具有重要的意义，如图 7-93 所示。

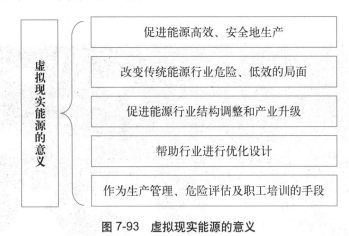

图 7-93 虚拟现实能源的意义

下面笔者为大家介绍能源仿真行业的虚拟现实技术的应用情况。

1. 煤矿仿真

目前，在煤矿的生产过程中，工人和企业面临的最大问题就是安全问题，煤矿仿真系统能够帮助人们对极端环境和危险环境有个全面的认识，如图 7-94 所示为煤矿仿真系统。

图 7-94　煤矿仿真系统

煤矿生产仿真系统的原理和特点如图 7-95 所示。

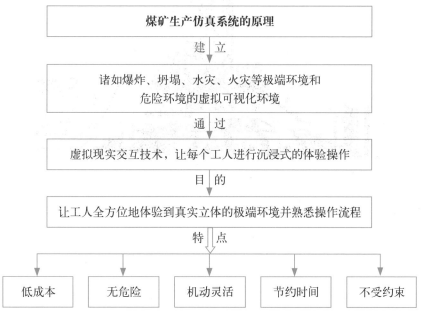

图 7-95　煤矿生产仿真系统的原理和特点

2. 石油仿真

石油作为一种重要的战略物资一直备受人们的关注，在生产方面，石油具备如图 7-96 所示的特点。

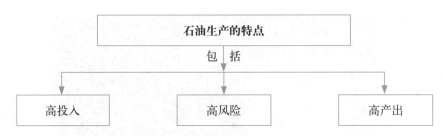

图 7-96 石油生产的特点

由于石油生产的这些特点，很多企业都非常重视石油的生产过程，尤其是钻采过程的管理和监控，石油仿真系统能够帮助模拟钻采过程，帮助钻采工人提高生产效率、避免事故的发生，如图 7-97 所示。

图 7-97 石油仿真系统

石油仿真系统可以被应用在如图 7-98 所示的方面。

石油仿真系统的应用
- 石油化工工艺模拟
- 石油应急救援模拟
- 石油装配操作虚拟培训
- 石油勘探开采技术模拟

图 7-98 石油仿真系统的应用

3. 电力仿真

电力仿真系统是将虚拟现实技术应用于电站的仿真系统，目前主要用于员工的培训，如图 7-99 所示。

图 7-99　电力仿真系统

电力仿真系统和电力安全生产已经密不可分，如图 7-100 所示。

电力仿真系统和电力安全生产的关系

包　括

电站仿真技术的发展，给电力工业的
安全生产提供了坚实的物质基础

实际电力生产的自动化水平不断提高，
给电站仿真技术提出了新的课题

图 7-100　电力仿真系统和电力安全生产的关系

4. 水利仿真

水利仿真系统主要用于建立水利水电工程的全三维模型，其中包括如图 7-101 所示的内容。

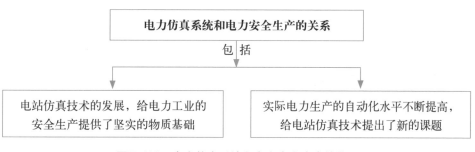

水利仿真系统建立的
三维模型

坝体、导流洞、泄洪洞、地下厂房等建筑的仿真模型

相关设备和管线布局的仿真模型

图 7-101　水利仿真系统建立的三维模型

通过水利仿真系统建立的三维模型与现实物理数据完全相关，因此可真实反映工程建成以后的面貌，如图 7-102 所示为水利仿真系统。

图 7-102　水利仿真系统

7.7.2　能源仿真行业案例分析

在虚拟现实能源仿真领域有很多优秀的案例，本节为读者介绍几个比较典型的虚拟现实能源仿真的案例。

1. 机器人作业虚拟仿真系统

机器人作业虚拟仿真系统，又称机器人处理核废料虚拟仿真培训系统，它是一款帮助工作人员熟练操控远端机器人完成核废料清理工作的培训系统，如图 7-103 所示。

图 7-103　机器人处理核废料虚拟仿真培训系统

该系统通过模拟机器人在高辐射的环境中执行任务，实现对物体的切割、搬运等操作，帮助工作人员降低辐射的危险，系统由如图7-104所示的4个部分组成。

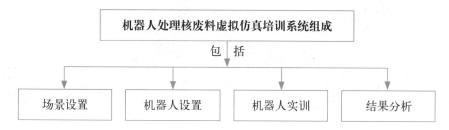

图 7-104　机器人处理核废料虚拟仿真培训系统组成

机器人处理核废料虚拟仿真培训系统的原理流程如图 7-105 所示。

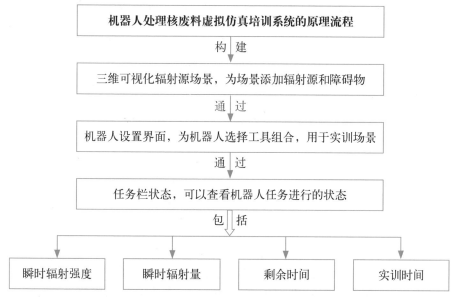

图 7-105　机器人处理核废料虚拟仿真培训系统的原理流程

2. 应急事故虚拟现实仿真系统

大型石油罐区是典型高风险区域，一旦操作不当就容易引起火灾、爆炸等事故，因此，企业对大型石油罐区的安全性和操作人员的专业性要求很高。

应急事故虚拟现实仿真系统，又称石油石化应急事故三维模拟系统，它是一套基于虚拟现实技术的大型储罐区应急救援及安全培训系统，如图 7-106 所示。

图 7-106　石油石化应急事故三维模拟系统

这款三维模拟系统的教学原理、功能和意义如图 7-107 所示。

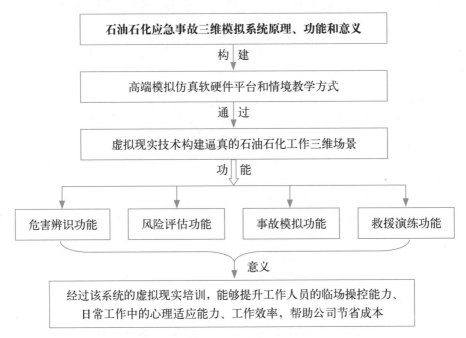

图 7-107　石油石化应急事故三维模拟系统原理、功能和意义

3. 电力检测虚拟现实监控系统

电力检测虚拟现实监控系统，又称电力自动化检测三维实时监控系统，它是一款对电力设备检测现场进行模拟的监控系统，如图 7-108 所示。

图 7-108　电力自动化检测三维实时监控系统

通过该系统，工作人员能够在虚拟情境中掌握相关设备仪器的工作状态，同时结合人机交互技术，工作人员还可以查看虚拟场景中相关物品的参数，这些参数的内容和意义如图 7-109 所示。

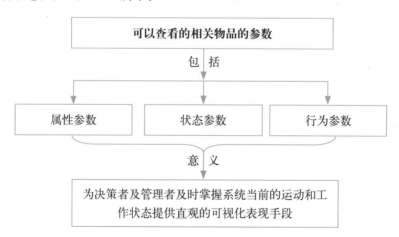

图 7-109　可以查看的相关物品的参数

4. 变电站虚拟现实系统

变电站虚拟现实系统是一套基于虚拟现实技术和传感交互技术的沉浸式仿真系统，如图 7-110 所示。

智能电网工程设备因其信息化、自动化和互动化等特征，给企业在集成部署、安装及调试等方面带来了严峻的考验，而虚拟现实技术的出现，将硬件、软件、网络、应用等多层面信息融合为一体，通过一系列技术可以帮助企业解决很多问题，如图 7-111 所示。

图 7-110　变电站虚拟现实系统

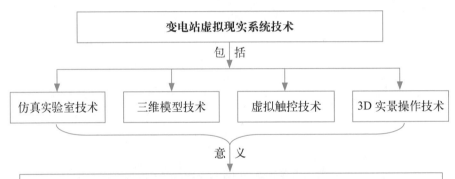

图 7-111　变电站虚拟现实系统技术

5. 矿井综采三维仿真系统

在煤矿业中，矿井综采三维仿真系统，又称矿井综采虚拟现实系统，该系统将矿井作业通过 3D 虚拟场景逼真地表现出来，如图 7-112 所示。

在现实生活中，由于井下条件的限制，综合机械化采煤工作面常常是事故高发地，将虚拟现实技术应用在这个领域，能够为企业带来如图 7-113 所示的好处。

图 7-112　矿井综采虚拟现实系统

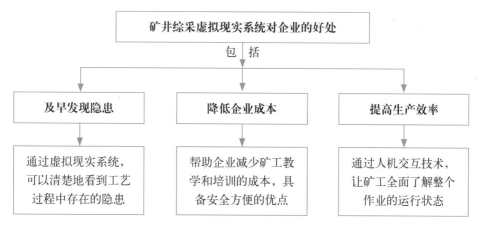

图 7-113　矿井综采虚拟现实系统对企业的好处

6. 核电站三维仿真培训系统

核电站三维仿真培训系统，又称核电站虚拟现实模拟培训系统，该系统是一套核电站模拟培训系统，与其他模拟仿真系统相比，这套系统的优势是培训成本较低，如图 7-114 所示为核电站虚拟现实模拟培训系统。

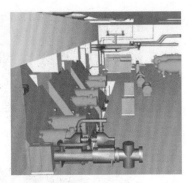

图 7-114　核电站虚拟现实模拟培训系统

核电站虚拟现实模拟培训系统包括如图 7-115 所示的设施。

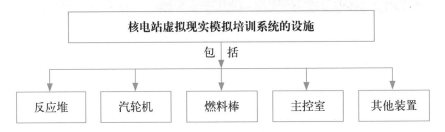

图 7-115　核电站虚拟现实模拟培训系统的设施

整个设施可以进行直观的 3D 互动，涉及诸多培训内容，具体内容如图 7-116 所示。

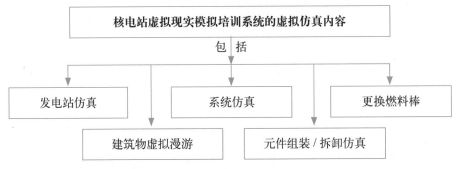

图 7-116　核电站虚拟现实模拟培训系统的虚拟仿真内容

传统的核电站模拟培训方式是采用模拟器来进行操作的，然而，这种培训方式不仅价格昂贵，而且受培训人员数量和场地的限制，不能帮初级学员完成大量培训任务。

　　而利用虚拟仿真软件开发的仿真培训系统，能够帮助企业解决这些问题，而且为了实现逼真效果，对操作环境和操控室的操作功能都有一定的要求。

- 要求操作环境具有真实感；
- 要求控制室的操作功能模拟符合物理实际。

　　核电站虚拟仿真系统的应用，随着虚拟仿真技术的日趋成熟，渐渐扩散到多个领域，包括：

- 早期的厂房和系统的漫游、设备的拆装；
- 后期的虚拟设备维修、人因工程等各个方向。

　　从以上内容可以看出，虚拟现实仿真技术对核电行业已经产生了独特的深远影响。

7. 核电站三维仿真培训系统

　　为给油田项目创造一个相对安全的环境，阿拉伯石油公司创立了一个虚拟现实油田系统，如图 7-117 所示。

图 7-117　虚拟现实油田系统

　　该系统给人们带来沉浸式的虚拟现实体验，通过虚拟场景让人们了解石油工程的各个环节，包括勘察、开采和实践，该系统的主要特点如图 7-118 所示。

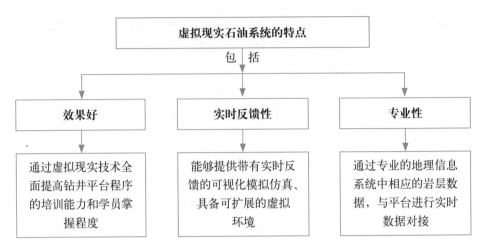

图 7-118 虚拟现实石油系统的特点

7.8 在工业生产领域的应用

随着科学技术的发展，工业行业发生了巨大的变化，传统的工业技术已经不再适应工业的发展，先进的科学技术发挥出巨大的力量，特别是虚拟现实技术的应用，为工业带来了一场前所未有的革命。本节主要为读者介绍虚拟现实在工业生产领域的应用。

7.8.1 工业生产行业分析

随着社会的发展，产品在不断地升级更新，产品构造也开始变得复杂多样，单纯地使用二维工程图或静态的三维图已经无法将产品设计师的思想全部表达出来，因此虚拟现实技术开始被应用在工业生产上，用交互的方式将虚拟产品情境和人们关联起来，大大地丰富了信息内容的传递方法。

虚拟现实技术的应用，使工业设计的手段和思想发生了质的飞跃，目前，虚拟现实技术已经被应用在工业上的各个领域，如图 7-119 所示。

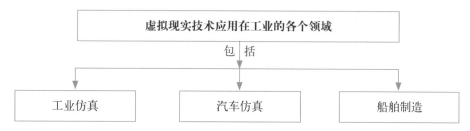

```
虚拟现实技术应用在工业的各个领域
            包│括
   工业仿真      汽车仿真      船舶制造
```

图 7-119　虚拟现实技术应用在工业的各个领域

下面笔者将为大家介绍工业生产行业的虚拟现实技术的应用情况。

1. 工业仿真

什么是工业仿真？工业仿真系统不是传统意义上的简单的场景漫游，它是一种结合用户业务层功能和数据库数据，组建一套完整的系统，用于指导工业生产的仿真系统。

简单来说，工业仿真就是将物理工业中的各个模块数据整合到一个虚拟体系中，在该虚拟体系中将工业中的每一个流程都表现出来，再通过交互模式与该虚拟体系中的各个环节展开互动，如图 7-120 所示。

虚拟现实系统应用于工业仿真领域，能够凭借其如图 7-121 所示的功能，为工业仿真创造出更多优秀的互动仿真方案。

图 7-120　工业仿真

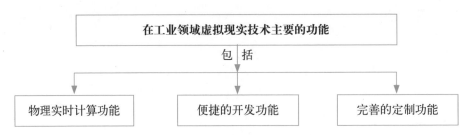

图7-121 在工业领域虚拟现实技术主要的功能

工业仿真的效果主要依托于虚拟现实仿真平台软件，因此，工业仿真对软件的技术有一定的要求，如图7-122所示。

图7-122 工业仿真对软件技术的要求

工业仿真技术的应用，能够为企业带来多方面的好处，如图7-123所示。

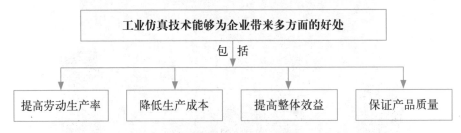

图7-123 工业仿真技术能够为企业带来多方面的好处

2. 汽车仿真

汽车仿真系统就是通过虚拟现实技术和计算机辅助技术，将轿车开发的各个环节都置于计算机技术所构造的虚拟环境中的综合技术，汽车仿真系统通常分为如图7-124所示的5个部分。

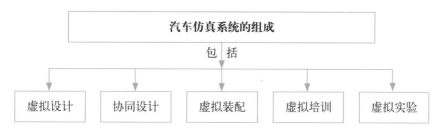

图 7-124 汽车仿真系统的组成

1) 虚拟设计

汽车虚拟设计通过虚拟现实技术、网络技术和产品数据管理技术，可以快捷地建立产品的模型，通常被运用在汽车产品的系列化设计、异地设计和变型设计上。

2) 协同设计

以往汽车的设计往往是由多个设计部门针对汽车的不同部分进行分工设计，因此容易造成设计工作完成后出现很多问题，诸如数据格式不协同、机械问题等。

汽车仿真系统中的协同设计平台，能够实时获取不同部门设计师的不同设计成果，进行快速整合，创造出汽车的三维模型，帮助及时发现工作中的问题，如图 7-125 所示。

图 7-125 汽车虚拟协同设计

3) 虚拟装配

虚拟装配通常运用在汽车产品制作加工之前，通过虚拟装配系统，设计人员可以全方位地检查零部件之间的状态，虚拟装配系统的作用如图 7-126 所示。

图 7-126　虚拟装配系统的作用

4) 虚拟培训

虚拟培训系统，是为了帮助员工熟悉汽车生产装配流程，避免在汽车的制造过程中出现错误，从而减少企业的经济损失，如图 7-127 所示。

图 7-127　虚拟培训系统

5) 虚拟实验

在建立了汽车整车或分系统的 CAD 模型之后，可以采用虚拟实验技术在计算机上进行虚拟仿真实验，来预测汽车如图 7-128 所示的各种性能。

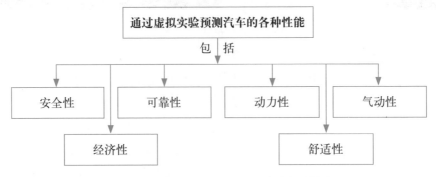

图 7-128　通过虚拟实验预测汽车的各种性能

在进行虚拟实验时，不仅可以模拟真实的环境、阻力、负荷等各种实验条件，还可以进行虚拟人机工程学评价、虚拟风洞试验、虚拟碰撞试验等，如图 7-129 所示。

图 7-129　汽车虚拟实验

3. 船舶制造

在船舶设计领域，虚拟现实技术涵盖许多领域，如图 7-130 所示，通过虚拟现实技术，企业能够及早发现船舶建造中的问题，真正实现船体建造、设计、维护、管理一体化。

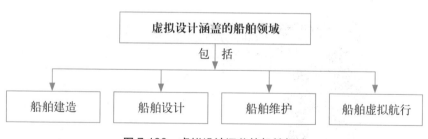

图 7-130　虚拟设计涵盖的船舶领域

7.8.2　工业生产行业案例分析

在虚拟现实工业生产领域有很多优秀的案例，本节为读者介绍几个比较典型的虚拟现实工业生产的案例。

1. 赢康量身定制软件开发平台

赢康科技是一家能够根据客户的需求为客户量身定制不同软件开发平台和集成硬件平台的企业，在工业仿真领域，赢康科技能够为客户提供如图 7-131 所示的解决方案。

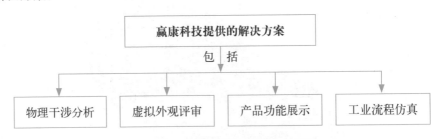

图 7-131　赢康科技提供的解决方案

1) 物理干涉分析

在生产工业产品时，物理干涉分析是很重要的一个环节，它具备以下两个作用。

- 减少产品的研发错误；
- 提高产品的可用性。

将物理干涉分析显示在沉浸式立体显示环境中，会提高分析验证的准确性。

2) 虚拟外观评审

虚拟外观评审平台是指针对工业设计环节，将虚拟现实技术、可视化技术、人机交互技术等结合在一起，形成一种直观的、逼真的评估环境，如图 7-132 所示。

图 7-132　虚拟外观评审

3) 产品功能展示

在产品设计、生产及管理的周期过程中，采用虚拟现实技术进行产品功能展示可以起到两个重要的作用，如图7-133所示。

```
虚拟产品功能展示的作用
```
包 括

| 在设计阶段将产品外观和功能展示给潜在客户，获得有效的反馈，再进一步挖掘产品的价值空间 | 产品上市后，通过产品的虚拟展示，给人留下深刻的印象，方便企业进行产品的市场推广 |

图 7-133　虚拟产品功能展示的作用

4) 工业流程仿真

很多工业流程是很难被完整地展示出来的，尤其是大型工业生产流程，但是通过虚拟现实技术和仿真技术，可以从多角度将这些生产流程模拟在屏幕上，如图7-134所示。

图 7-134　工业流程仿真

2. 三维轻量化浏览器 SView

三维轻量化浏览器 SView，是一款可应用于工业领域的高性能的 3D 可视化应用软件，如图7-135所示为该系统在手机、电脑上的应用。

图 7-135 三维轻量化浏览器 SView

SView 能够提供如图 7-136 所示的功能。

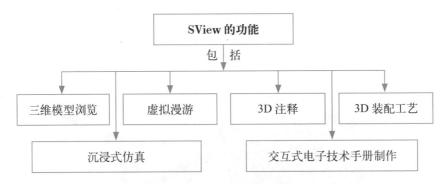

图 7-136 SView 的功能

通过 SView 的嵌入式部署，有利于形成产品生命周期管理的三维可视化解决方案，其中产品生命周期管理的关键环节包括如图 7-137 所示的内容。

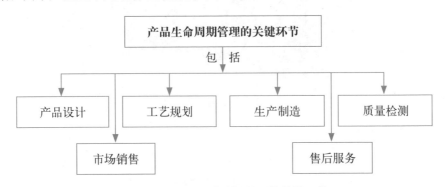

图 7-137 产品生命周期管理的关键环节

3. 数字化虚拟仿真系统

曼恒数字为一家工程机械装备公司打造了一套数字化虚拟仿真系统，如图 7-138 所示。

这套系统不仅能够根据新产品的特性，将产品在开发、维护以及操作方面的特性模拟出来，还能真实地模拟出产品的三维装配过程。

用户通过虚拟交互设备，可以控制产品的装配过程，例如拆装、装配操作等，并且检验装配设计和操作的正确与否，以便及时发现问题。

图 7-138　数字化虚拟仿真系统

在操作过程中，虚拟仿真系统还能够为用户提供一些实时的功能，如图 7-139 所示。

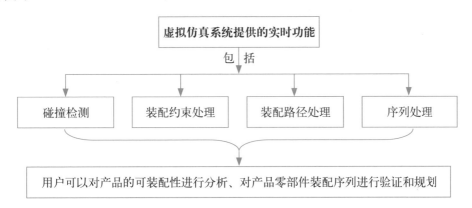

图 7-139　虚拟仿真系统提供的实时功能

装配操作结束之后，虚拟仿真系统还能够将装配过程全部记录下来，生成评审报告供用户分析使用。

4. VRP-PHYSICS 系统

VRP-PHYSICS 系统是由中视典数字科技推出的一款虚拟现实物理系统引擎，该系统主要应用于工业仿真、旅游教学、军事仿真等多个领域，是目前国内唯一一款适合高端工业仿真的虚拟现实物理系统引擎，如图 7-140 所示为该系统虚拟成像效果。

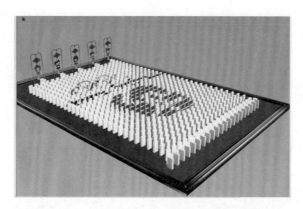

图 7-140 VRP-PHYSICS 系统虚拟成像效果

VRP-PHYSICS 系统赋予虚拟现实场景中的物体以物理属性，符合现实世界中的物理定律，具备如图 7-141 所示的功能特点。

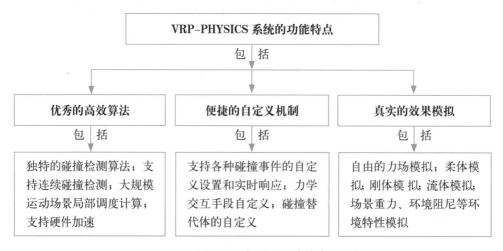

图 7-141 VRP-PHYSICS 系统的功能特点

目前，VRP-PHYSICS 系统已经被广泛应用于工业行业的虚拟仿真中，如图 7-142 所示。

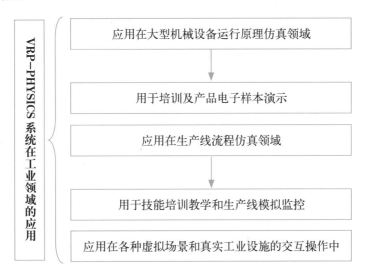

图 7-142　VRP-PHYSICS 系统在工业领域的应用

第8章

营销：企业的下一个重大事件

学前
提示

　　互动营销和场景营销，已经渐渐成为虚拟现实营销中重要的营销方式，通过互动营销方式和场景营销方式，让用户直观地感受到虚拟现实技术的魅力，这也是这两种营销方式与其他营销方式的不同之处。

要点
展示

▶ 虚拟现实 + 互动营销

▶ 虚拟现实 + 场景营销

▶ 虚拟现实营销的案例分析

8.1 虚拟现实 + 互动营销

什么是互动营销？互动营销就是消费者和企业双方在互动中展开的一种营销方式，互动营销最大的特点是抓住互动双方的共同利益点，然后找到巧妙的沟通时机和方法，从而将双方紧密地结合在一起。

互动营销应用在虚拟现实领域里，能够起到如图 8-1 所示的作用。

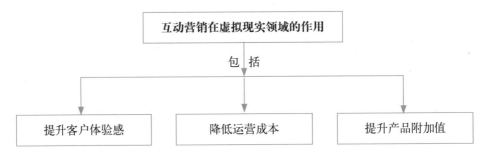

图 8-1　互动营销在虚拟现实领域的作用

下面笔者为大家介绍虚拟现实 + 互动营销的相关知识。

8.1.1　给用户带来逼真体验

在虚拟现实的互动营销中，消费者通常希望获得逼真体验，世界上首款虚拟现实全身触控体验套件 Teslasuit，如图 8-2 所示，就是通过肌肉电刺激（EMS）技术，来让消费者获得真实的感觉，例如被拥抱的感觉、被子弹射中的感觉或者在沙漠中被灼晒的感觉等。

图 8-2　虚拟现实全身触控体验套件 Teslasuit

　　Teslasuit 主要利用温和的电子脉冲来刺激人们的身体，从而模拟出各种不同的感觉，当用户戴上头盔后，就好像将真实世界和虚拟现实世界完美融合在一起。

　　Teslasuit 设备主要由如图 8-3 所示的几部分组成。

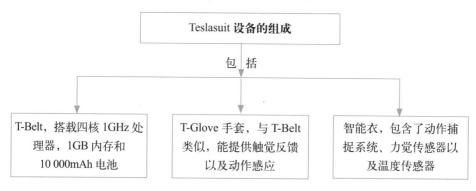

图 8-3　Teslasuit 设备的组成

8.1.2　给用户带来感官体验刺激

　　感官体验，顾名思义，就是通过眼、耳、口、鼻等几大感官给消费者带来的视觉、听觉、味觉、嗅觉上的体验和感受。在虚拟现实领域中，感官体验是最直接的刺激，其最主要的作用如图 8-4 所示。

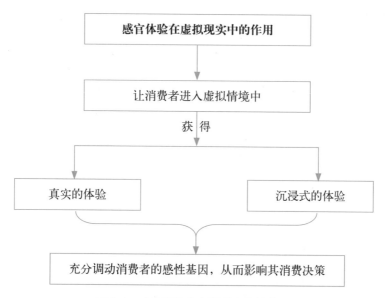

图 8-4　感官体验在虚拟现实中的作用

8.1.3 虚拟现实 + 电商

将虚拟现实运用到电商领域会发生什么？会发生颠覆性的改革，虚拟现实电商会通过更高级的交互方式，带给人们更好的购物体验。

针对目前的电商平台，未来虚拟现实电商平台会有哪些不同呢？如图8-5所示。

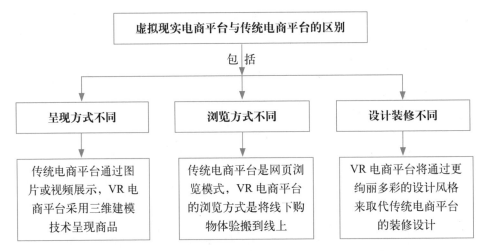

图 8-5　未来虚拟现实电商平台与传统电商平台的区别

8.2　虚拟现实 + 场景营销

场景是推进互联网发展的根本驱动力，而虚拟现实又是通过智能可穿戴设备将人们带入另一个虚拟的时空，然后在虚拟场景中产生各种真切的感受，如果将虚拟现实的场景营销发挥到极致，一定会为商家带来不可预测的价值。

按人们生活的场景，场景营销可分为两类，如图8-6所示。

图 8-6　场景营销按人们生活的场景进行分类

场景营销的特点如图 8-7 所示。

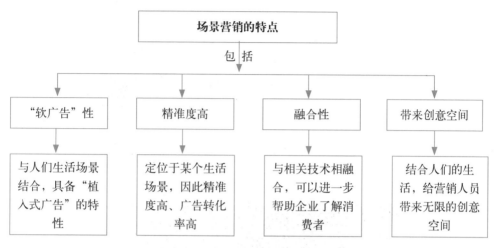

图 8-7　场景营销的特点

如果说场景 1.0 是互联网场景体验时代，那么虚拟现实的到来，跨越了场景时代的实体景象的体验，开始走入了虚拟世界的场景 2.0 时代。

下面为大家介绍虚拟现实＋场景营销的相关知识。

8.2.1　各领域虚拟现实场景应用

VR 眼镜已经成为虚拟现实的入口，企业和商家们纷纷入局虚拟现实领域，人们最常看到的虚拟现实场景是"虚拟现实＋游戏""虚拟现实＋电影""虚拟现实＋娱乐""虚拟现实＋医疗""虚拟现实＋教育""虚拟现实＋体育"等。

● 在医疗领域，通过虚拟现实编写的病例影片，让医生进行逼真的实地操作，从而提升医疗新手的技艺，或者通过虚拟现实让病人置身于某个场景中，转移病人的注意力，帮助病人减轻病痛，或者通过虚拟场景进行医学知识的学习，如图 8-8 所示。

● 在游戏领域，通过虚拟现实让玩家置身于游戏场景中，与喜爱的经典游戏人物亲密接触，提高感官刺激的同时增强玩家的幸福指数，如图 8-9 所示。

● 在电影领域，通过虚拟现实头盔和眼镜，帮助人们进入沉浸式的观影世界，享受逼真的电影场景，如图 8-10 所示。

● 在教育领域，学生的课堂不再是传统的书本上的以二维平面的方式展现的文字和内容，而是采用虚拟现实的全景教学模式，让学生进入完全沉浸式的学习状态，如图 8-11 所示为将虚拟现实应用在教育领域。

图 8-8　通过虚拟场景进行医学知识的学习

图 8-9　虚拟现实游戏场景

图 8-10　虚拟现实电影场景

图 8-11　虚拟现实应用在教育领域

● 在娱乐方面，通过虚拟现实眼镜，亲身感受一场演唱会的现场氛围、欣赏一场脱口秀节目。

● 在体育方面，通过虚拟现实和篮球巨星科比来一场 3 分球对决，或者进行一场刺激的、惊险的攀岩运动。

● 除此之外，通过 VR 实现的场景还有很多，如图 8-12 所示。

通过 VR 实现的其他场景	
	用 VR 看新闻：打开客户端，进入新闻事件中，亲身体验新闻事件发生的经过
	用 VR 看路况：通过虚拟驾驶测评系统，将真实的早高峰场景展现在眼前，选择最通畅的道路驾驶，如图 8-13 所示
	用 VR 开视频会议：会议上，大家可以在同一个场景内看见所有人，可以一起看视频、一起上网，就像大家围坐在一起一样
	用 VR 玩意念游戏：通过 VR 头盔，进入赛车游戏场景中，意念越集中，专注度越高，赛车的速度就越快
	用 VR 登山：戴上 VR 眼镜，穿上特制的登山鞋，爬山峰、过栈道、走吊桥，随时随地享受登山的刺激，如图 8-14 所示

图 8-12　通过 VR 实现的其他场景

图 8-13　用 VR 看路况

图 8-14　用 VR 进行登山运动

8.2.2　各领域增强现实场景应用

　　增强现实场景和虚拟现实场景在应用时，有很多交叉的领域，譬如武器、飞行器的研制、数据模型可视化、虚拟训练、娱乐等，在这些领域中，两者有着类似的应用，除此之外，增强现实因其能够对真实环境具有增强显示的作用，因此，在某些应用场景中，AR 具备更明显的优势，比如：

● 在医疗领域，医生通过增强现实技术，能够精准地定位手术的部位，如图8-15所示。

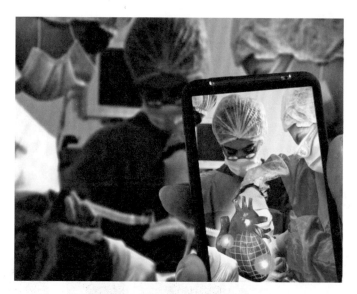

图 8-15　增强现实应用到医疗领域

● 在广告领域，通过增强现实技术，人们可以在封面上看到立体的信息补充和叠加，如图 8-16 所示。

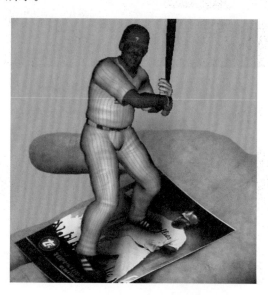

图 8-16　增强现实在广告领域的应用

- 在军事领域，通过增强现实技术，可以精确地进行方位识别。
- 在文化遗产保护领域，通过增强现实技术，观众可以看到古文物上残缺部分的虚拟重构信息。
- 在器械维修领域，通过增强现实技术和头戴式可视设备（HMD），用户可欣赏到设备的内部结构和设备维修时的零件图等。
- 在游戏领域，增强现实技术能够让全球不同的玩家进入同一个场景中，以虚拟替身的形式对战。
- 在旅游领域，通过增强现实技术，让游客在游玩的过程中，能够观看展品的相关信息资料，或者游客在陌生的城市，通过增强现实技术，就能够了解附近商家、建筑等的相关信息数据资料，如图 8-17 所示。
- 在交通领域，通过增强现实技术，可以实现城市交通智能导航，如图 8-18 所示。

图 8-17　通过增强现实技术获得的信息资料

图 8-18　通过增强现实技术实行智能导航

8.2.3 PC 端虚拟现实场景营销

在 PC 端进行场景营销是互联网发展的必然趋势，因为互联网顺应了人类对场景的诉求，这种诉求就是通过互联网实现更为美好的生活体验。BBS 是社交时代的第一大 PC 舆论大本营；微博出现后，以 140 字的纂写功能取得碎片化时代场景之战的胜利；淘宝的 PC 平台战略颠覆了传统的零售商……

而从 2014 年 9 月 1 日暴风魔镜发布开始，虚拟现实场景营销成为互联网的下一个风口，抢占 PC 端的虚拟现实场景营销成为商家必然之举。

8.2.4 移动端虚拟现实场景营销

微信的到来，引爆了移动端的社交潮流，智能手机类的移动设备成为人们随身携带的物品之一，各大商家开始抢夺移动端口，开发出各类应用供消费者使用，可以说，移动时代给人们带来了更便利的体验。虚拟现实移动端最早开发的是 Google 的 Cardborad，然后是三星和 Oculus 一起开发的 Gear VR，与 Cardborad 相比，Gear VR 具备如图 8-19 所示的特点。

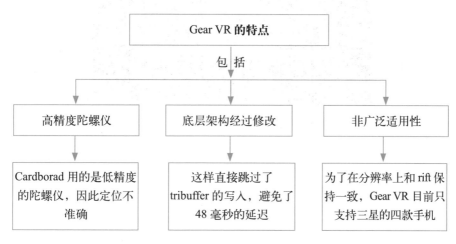

图 8-19 Gear VR 具备的特点

移动端的场景营销更多的是需要创意，用创意来吸引用户，用创意来打动用户，再加上虚拟现实的沉浸式体验，很容易获得一批忠实的客户。

8.2.5 场景营销走进人们生活

现实生活中，已经有很多商家开始通过虚拟现实技术进行场景营销战略：

1．"UNSTAGED"

美国著名歌手 Taylor Swift 在新歌《Blank Space》发布时，制作了一款 360 度交互式的视频应用——"UNSTAGED"，如图 8-20 所示，在该应用中，用户可以在虚拟现实场景中发现各种隐藏的线索，这项充满创意的虚拟现实场景营销模式，帮助其在艾美奖中获得了"原创互动节目"的殊荣。

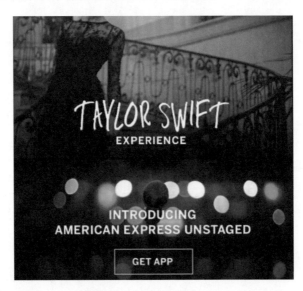

图 8-20　360 度交互式的视频应用——"UNSTAGED"

2．内马尔虚拟现实应用

运动品牌耐克针对足球爱好者，推出了一款内马尔虚拟现实应用，这款应用能够让用户从内马尔的视角，享受从带球过人至最后得分等一系列精彩动作。

3．赛百味的场景营销

赛百味利用虚拟现实进行了一次场景营销，位于伦敦街头的人们，会看到一辆纽约风格的出租车，这场虚拟现实的场景营销的玄机就暗藏在这辆出租车上，当人们拿着赛百味三明治坐进这辆出租车的时候，就能够一边欣赏纽约的风情，一边品尝美味的三明治，如图 8-21 所示。

图 8-21　赛百味让用户在纽约街头吃三明治

4．斯柯达的 AR 互动营销

为了让用户更深入地了解一款车型，斯柯达运用增强现实技术在伦敦的滑铁卢火车站举办了一场大型的营销活动，活动内容如图 8-22 所示。

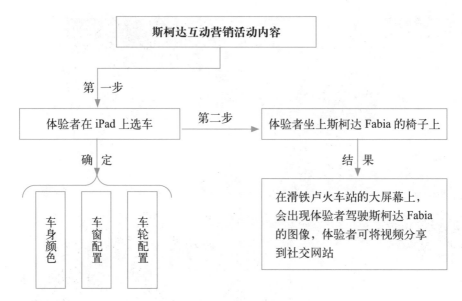

图 8-22　斯柯达互动营销活动的内容

8.3　虚拟现实营销的案例分析

相比于传统的营销方式，VR 的互动营销方式和场景营销方式给人带来了深刻的印象，本节给读者介绍几个"虚拟现实＋互动营销""虚拟现实＋场景营销"的经典案例。

8.3.1　Abarth 汽车：AR 赛车游戏

AR 赛车游戏是一种十分受人青睐的虚拟现实赛车游戏，如图 8-23 所示，在虚拟游戏场景中，逼真的赛车画面感以及真实的汽车引擎声，能够让玩家享受无穷的乐趣。

Fiat（飞雅特）集团旗下的品牌 Abarth 汽车在发表"Fiat 500 Abarth"新车的同时，利用 Total'Immsion 公司研发的增强现实解决方案，制作了一款 AR 赛车游戏。

玩家若想启动赛车，只要拿起图卡对准摄影机即可；对速度有需求的玩家，可以通过"涡轮增压引擎"实现；想要改装赛车，通过选择图卡上的按钮，就可以针对如图 8-24 所示的内容进行改装。

　　游戏中配合 Abarth 独特的引擎声以及沸腾的音乐声来激发玩家的兴趣，除了声效方面的特点之外，还有地形上的场景变化，从"都市街道"进入"山地"，一方面让玩家体验真实的赛车感觉，另一方面展现了 Abarth 的独特性能。

图 8-23　Abarth 发布的 AR 赛车游戏

图 8-24　在游戏上对赛车进行改装的内容

　　除了以上提到的内容之外，Abarth 在"仿真驾驶"上也下了很大功夫，具体包括如图 8-25 所示的内容。

图 8-25　Abarth 游戏的仿真驾驶设计内容

8.3.2　超时空水舞互动体感游戏

为宣传OLAY新推出的长效补水保湿产品,爱迪斯创意利用AR增强现实技术,推出了"超时空水舞"的互动体感游戏,如图 8-26 所示。

图 8-26　OLAY"超时空水舞"的互动体感游戏

用户踏进舞池就会看到 Angelababy 好像就在身边,并随机做出一系列交互动作,如图 8-27 所示。

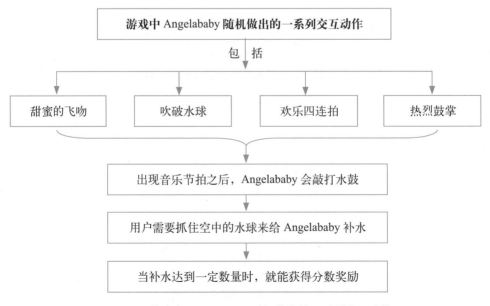

图 8-27　游戏中 Angelababy 随机做出的一系列交互动作

8.3.3　绿光战警 AR 变身活动

华纳兄弟电影公司为电影《绿光战警》举办了"加入军团勇者无惧"的 AR 变身活动，这次活动的相关介绍如图 8-28 所示。

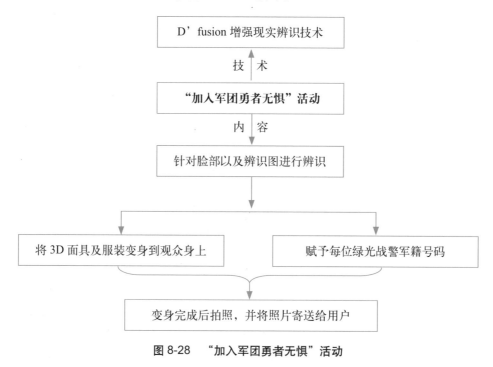

图 8-28　"加入军团勇者无惧"活动

8.3.4　Bean Pole Jeans 互动舞台

Bean Pole Jeans 服饰为推广品牌，打造营销效果，特别请来了韩国少女团体进行代言，在这一系列的活动中，通过 D'Fusion 增强现实技术，推出了 Bean Pole Jeans 虚拟现实互动舞台。

8.3.5　Thinkpad 零距离品牌体验

为了将品牌形象深刻地融入消费者的生活，Thinkpad 运用 D'Fusion 增强现实技术将小黑系列的电脑透过网络与消费者的生活结合，产生近乎零距离的品牌体验。

8.3.6　智慧电动概念车"neora"

东风裕隆集团旗下的自主品牌纳智捷在上海车展上，采用高效传感器"MVN人体惯性动作捕捉装置"技术，推出了智慧电动概念车"neora"，同时呈现 neora 智慧虚拟人的创新性能，如图 8-29 所示。

图 8-29　neora 的创新性能

为了展现 neora 的核心智慧、绿色节能与全新智慧电动车的概念，neora 不仅与主持人、现场来宾进行互动，还做出了高难度的舞蹈动作，吸引了人们的目光。

8.3.7　透过宣传单体验 AR 技术

菲律宾本田汽车将 D'Fusion 增强现实技术作为本田 Jazz 元素的一部分，透过本田 Jazz 的宣传单，用户可以随意把玩欣赏 Jazz 的 3D 立体车身，如图 8-30 所示，还能进行如图 8-31 所示的操作。

图 8-30　透过 Jazz 的宣传单欣赏 Jazz 的 3D 立体车身

图 8-31　通过 Jazz 的宣传单进行的操作

8.3.8　360 度的足球体验之旅

如果想要在伊蒂哈德球场上体验一场 360 度的足球之旅，并体验到那种身临其境的感觉，可以尝试 CityVR 应用程序，CityVR 是一个面向 Android 和 iOS 设备的虚拟现实应用程序，它能够与限量版的曼彻斯特城设备配合使用，如图 8-32所示是通过 CityVR 对足球比赛产生的观感。

图 8-32　通过 CityVR 对足球比赛产生的观感

8.3.9　AR 交互式型录带来极致体验

在第十一届北京国际汽车展览会中，标致汽车通过 D'Fusion 增强现实的核心技术，创造出 AR 交互式型录，为用户带来极致的赏车体验，如图 8-33 所示。

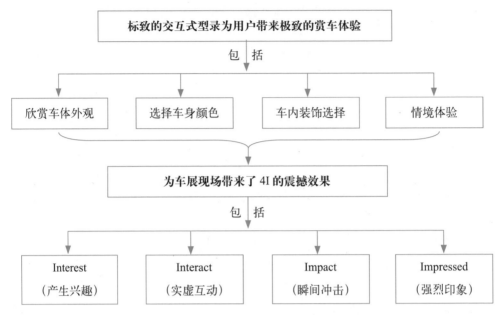

图 8-33　标致的交互式型录为用户带来极致的赏车体验

8.3.10　AR 时尚洗衣游戏机台

著名衣物洗护品牌"碧浪洗衣粉"曾为推广"污渍自溶科技"技术，利用 AR 增强现实技术，打造出了一台"AR 时尚洗衣游戏机台"，消费者想要启动"碧浪魔棒"，只需要透过 AR 辨识图卡即可实现，而如果想要观赏"蓝色强效去污粒子"的去污过程，消费者只要用图卡将"碧浪魔棒"移动到有污渍的地方即可。

8.3.11　嘉年华之 AR 互动游戏

"百事足球嘉年华"活动是百事可乐为喜欢足球的青年们创造的一个网络互动活动，如图 8-34 所示。活动以虚拟百事罐作为积分单位，用户通过赚钱并花费虚拟百事罐，可以在活动中进行一系列的互动游戏，同时活动还加入了 D'Fusion 增强现实技术，能够让用户体验一回当世界杯足球赛守门员的快感。

图 8-34   "百事足球嘉年华"活动

8.3.12   3D 足球互动游戏热潮

几年前，在阿凡达掀起 3D 热潮的时候，世界足球杯恰逢来临，为了搭上世界足球杯和阿凡达 3D 电影的快车，品客将增强现实技术 D'Fusion 导入一款足球游戏中，用户只要拿起品客薯片罐就能玩，如图 8-35 所示。

图 8-35   3D 足球游戏

8.3.13 "抓蝴蝶"场景营销活动

为了迎接即将到来的双十二促销活动,英特尔联手淘宝天猫通过"抓蝴蝶"的场景游戏进行一次全新的推广,这次活动主要是根据十二时间段,用户在网上搜索、停留时间较长的特点而展开的。

此次活动的内容和流程如图 8-36 所示。

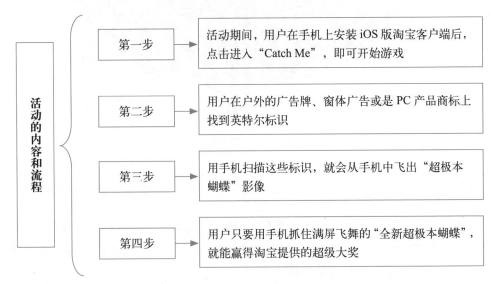

图 8-36　活动的内容和流程

淘宝网与英特尔的这次场景营销活动,创造了营销活动史上的多项第一,如图 8-37 所示。

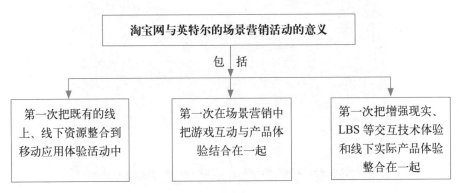

图 8-37　淘宝网与英特尔的场景营销活动的意义

增强现实技术，让这次场景营销活动获得了很好的宣传效果，同时也让人们看到了一个全新的体验式营销方式，除此之外，还让人们看到了一个充满魄力、充满创意精神、充满热情的英特尔品牌。

8.3.14　360度体验新XC90车

通过虚拟现实技术，连同Google Cardboard的帮助，沃尔沃可以让顾客在家里对XC90车进行虚拟试驾，如图8-38所示。

图8-38　沃尔沃让顾客在家中进行虚拟试驾

具体操作流程如图8-39所示。

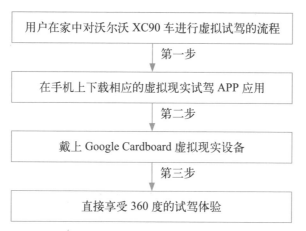

图8-39　用户在家中对沃尔沃XC90车进行虚拟试驾的流程

8.3.15　Dior Eyes 观看时装秀

Dior 时尚品牌在虚拟现实领域也做出了自己的贡献，先是为虚拟现实创造了一部短片，之后还发明创造了一款超级点击观看虚拟现实头戴设备——Dior Eyes，如图 8-40 所示。

图 8-40　虚拟现实头戴设备——Dior Eyes

Dior 时装秀是极度专属的活动，一般人无法到现场观看，但是通过 Dior Eyes 的虚拟现实技术，用户可以被"传送"到如图 8-41 所示的虚拟场景中。

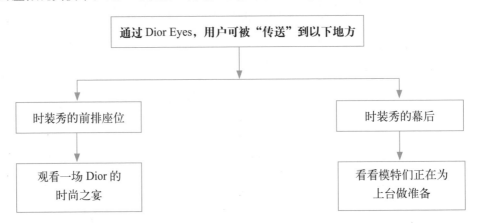

图 8-41　Dior Eyes 的虚拟场景

　　路易·威登集团发消息说这款 Dior Eye 虚拟现实设备是与 DigitasLBi Labs 联合研发的，因此拥有如图 8-42 所示的性能。

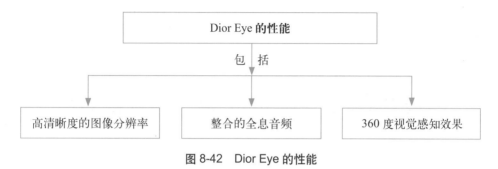

图 8-42　Dior Eye 的性能

8.3.16　参观虚幻世界的活动

　　为宣传第五季《权力的游戏》，GoT Exhibit 在伦敦 02 体育馆举办了一场以虚拟现实技术参观虚幻世界的活动，粉丝戴着虚拟现实头盔，就能亲身体验走在《权力的游戏》电视剧中那 700 英尺高的城墙上的感觉，如图 8-43 所示。

图 8-43　GoT Exhibit 的虚拟现实活动

　　该虚拟现实场景技术使用的是 Unity 游戏引擎研发出来的程序，在该场景中，用户可以听到轰隆的模拟声音，以此来增强沉浸感。

8.3.17 收割蔓越莓的短片

每年蔓越莓收割的时候，因水漂浮的作用，蔓越莓能汇成一片红海，那场景真是美不胜收，如图 8-44 所示。

图 8-44　蔓越莓收割时的场景

然而，这一美景，却很少有人看得到，因此 Ocean Spray 创造了一个有关蔓越莓收割时的虚拟现实短片，该短片名为《最美的丰收》（*The Most Beautiful Harvest*），该短片是利用如图 8-45 所示的设备拍摄的。

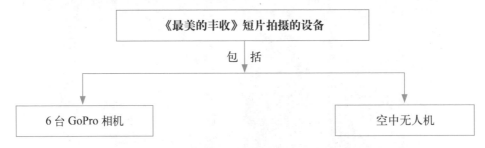

图 8-45　《最美的丰收》短片拍摄的设备

当观众使用 Oculus Rift 头戴设备观看短片的时候，就如同置身于蔓越莓收割时的场景中，观看这片绝美的"红色海洋"，除了可以使用 Oculus Rift 头戴设备观看该短片之外，消费者还能使用 Google Cardboard 观看。

8.3.18 The North Face 开启 VR 之旅

2015 年 3 月，The North Face（北面）联合 VR 技术厂商 Jaunt，为消费者开启了线下虚拟现实体验之旅。

如图 8-46 所示是韩国的某个商场内，北面的工作人员带领穿上他们羽绒服的顾客进入布置好的雪地场景，然后让顾客坐在雪橇上，并戴上 Oculus VR 眼镜体验在极地坐雪橇的快感，顾客戴上眼镜之后，就仿佛看到一群雪橇犬冲出来，然后雪橇被狗拉着前进。

图 8-46 北面顾客正在体验极地虚拟现实场景

同时，店内工作人员还在指定的地点悬挂了秋冬新品服装，如图 8-47 所示，让顾客可以在雪橇路过时挑战将衣服拿下。

图 8-47 北面工作人员在指定地点悬挂的秋冬新品服装

第9章

打破：VR 企业如何突破瓶颈

学前
提示

当虚拟现实相关的技术、系统和产品如雨后春笋般出现的时候，虚拟现实技术的问题也慢慢浮现，产品体验不好、内容输出薄弱、社交性不强等问题困扰着商家们，如何突破瓶颈、虚拟现实未来的发展方向如何都将成为商家们探寻的问题。

要点
展示

▶ 虚拟现实面临的问题

▶ VR 入局者如何打破这一困局

▶ 未来虚拟现实的一些想法

▶ 虚拟现实未来的动向分析

9.1 虚拟现实面临的问题

随着消费级 Oculus Rift 的诞生，"虚拟现实"渐渐占据人们的视线，但是依然有诸多争议：如何让虚拟现实技术成为主流？虚拟现实内容，除游戏、电影之外是否还能看到更广阔的商机？虚拟现实除了占据人们的视线，会对人们的生活造成一定的影响吗？

2016 年，我们可以看到，虚拟现实异军突起，各类虚拟现实产品接二连三地出现，投资、并购等消息也不断传出，BAT 三大巨头更是早就布局，可以看到，企业家们对虚拟现实的前景是十分看好的，似乎虚拟现实已经真正地迎来了"元年"。

但是真实情况是这样吗？虚拟现实的发展真的有表面上看上去么好吗？根据某机构数据显示，目前市场上被期待最多的 Oculus Rift 并没有达到预期销量，而其他的产品更不用说了，本节笔者将向大家介绍 VR 设备需要面对的一些问题，如图 9-1 所示。

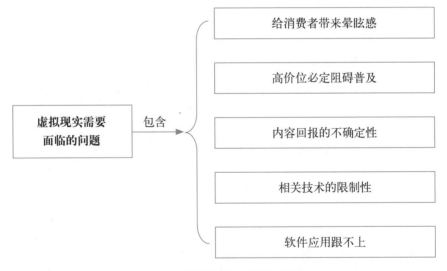

图 9-1　虚拟现实需要面临的问题

9.1.1　给消费者带来晕眩感

虚拟现实技术面临的第一个问题，就是会给使用者带来晕眩感，这种晕眩感会造成虚拟现实体验感不好，让人不能以最舒适的状态进入虚拟现实世界。

如何避免这种晕眩感成为了一个极大的挑战，晕眩感带来的不仅仅是降低视觉上的体验效果，更大的问题是对人类本身造成不适，很多人在尝试虚拟现实设备的时候，无论如何也不能避免设备带来的这种晕眩感，而且严重时，还容易产生想要呕吐的感觉，这就会让消费者产生如图 9-2 所示的想法。

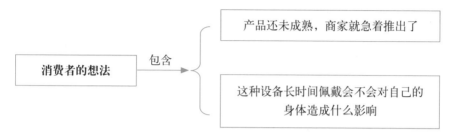

图 9-2　消费者的想法

三星与 Oculus 提示用户在使用一定时间后最好休息一下，并且警告用户如果感到不适，就不能进行驾驶、骑自行车等操作行为。

而针对 VR 技术带来的这一系列问题，有人指出：虚拟现实设备这种恶心、疲劳与头痛的体验，必将影响其未来的普及和扩张。

一个物品想要在市场上进行扩张，就不能忽略消费者的体验，而虚拟现实设备带来的这种晕眩感，正是商家们亟待解决的问题之一。

9.1.2　高价位必定阻碍普及

除了体验感不好之外，虚拟现实设备高价位也必定是阻碍其普及发展的重要原因之一，下面我们来看看一些 VR 设备的价格情况，如图 9-3 所示。

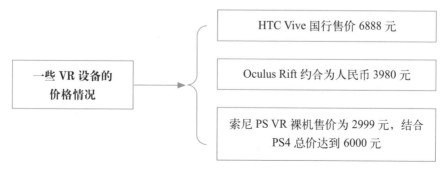

图 9-3　一些 VR 设备的价格情况

面对这样的价格，人们在购买的时候是否会多考虑一下、多犹豫一下呢？因此，对于 VR 设备价格过高的问题，也是商家需要考虑的问题之一。

虽然普通的电脑或者常规手机就能够尝试虚拟现实，让人们享受到虚拟现实视觉效果，但是如果用户想要达到视觉体验的前沿，高端的 VR 设备就需要高端电脑来支持，而高端电脑再搭配 VR 设备的价格就会更加高昂。

9.1.3　内容回报的不确定性

VR 距离在消费者群中普及还有多远？如果不能确保 VR 内容的补给，那么 VR 的普及还需要很长的一段时间。

想要推广虚拟现实技术，就要确保内容的回报率和内容的开发和产出，目前 VR 技术的投入成本高，远大于 VR 技术的回报率，同时 VR 内容的产出又影响着 VR 技术的回报率，因此想要提升 VR 技术的回报率，就一定要提高内容的产出。

VR 原创内容常常困扰着内容开发商，而能够被用户接受的 VR 原创内容更是加大了其中的难度，因此虚拟现实当前面临的一个很大的挑战，可以总结成如图 9-4 所示的内容。

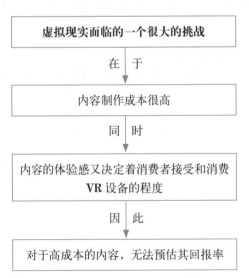

图 9-4　虚拟现实面临的一个很大的挑战

商家们想要提高用户的购买率、内容的回报率，就必须创造开发出更优秀、更有价值的原创内容。

9.1.4　相关技术的限制性

有人说：内容的缺失其实就是技术的不足。所以 VR 内容的制作，往往不得不放低对某些方面的要求，如果在图像渲染上，需要占用大量的资源，那么，技术的不足，就会导致在沉浸感上做出一定的妥协。

9.1.5　软件应用跟不上

在这个智能手机普及率越来越高的互联网时代，软件应用成为人们日常生活中不可或缺的一部分，不论是衣食住行，还是娱乐游戏，都可以通过下载相应的软件应用获得相应的信息，而对于虚拟现实来说，如果没有更具创造力的虚拟现实应用软件或者一款"杀手级"的虚拟现实应用出现，商家想要推广普及虚拟现实，将会有一定的困难。

9.2　VR 入局者如何打破这一困局

面对这一困局，VR 入局者必须想办法打破，以适应千变万化的市场竞争和用户需求，本节笔者将为大家介绍乐视、蚁视和 YouTube 是如何在这个困局中找到自己的方法的。

9.2.1　乐视：硬件内容通吃

对于跨行业宽广的乐视企业来说，进军 VR 领域是不可或缺的，而乐视在 VR 领域，对硬件和内容采取通吃的政策。

由于目前市场上 VR 的内容体系还没有成形，因此乐视以乐视 VR APP 及乐视网的 VR 频道为入口，陈列出多类相关的内容产品，如图 9-5 所示。

如今，中国的文化市场渐渐靠向 IP 创作，不管是购买版权，还是自制版权，都有一定的利益可图，为了证明自创内容具有一定的商业价值，乐视还将明星的演唱会制作成 VR 互动视频，在线下实体售票之外，创造出线上 VR 门票销售的机会。

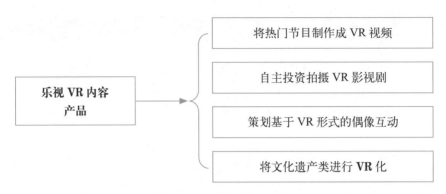

图 9-5　乐视 VR 内容产品

为什么乐视在 VR 领域能够破局而入？有人认为，乐视在挺进 VR 领域中的最大优势是其本身具有全球化的布局，主要体现在如图 9-6 所示的几个方面。

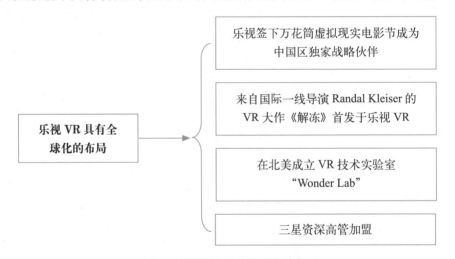

图 9-6　乐视 VR 具有全球化的布局

图 9-6 里面的内容表明了乐视在 VR 领域的布局具有全球化的趋势。

在硬件终端上，乐视近几年累积了手机、电视等一系列终端产品，这些终端设备为乐视 VR 的接入奠定了一定的基础，同时在 VR 领域，乐视也开发出了自己的虚拟现实头盔，如图 9-7 所示。

面对虚拟现实的困境，乐视选择从硬件、内容上入手，形成一种虚拟现实生态闭环，这样做有两方面的好处，如图 9-8 所示。

图 9-7　乐视虚拟现实头盔

图 9-8　乐视从硬件、内容上入手的好处

9.2.2　蚁视：从合作上突围

蚁视和乐视一样，都是打算打造一个完整的硬件和内容生态，而且蚁视的负责人透露，必须让 VR 生态完全开放才能带动 VR 市场，改变难以推广普及的现状，因此，在硬件和内容上，蚁视策划了开放的战略政策。

随着这两年来在 VR 领域的布局，蚁视已经推出了 3 款类型的产品，如图 9-9 所示，除此之外，还将推出 VR 一体机。

图 9-9　蚁视推出的 3 款类型的产品

2015 年，蚁视与联想实现了在硬件上的双品牌战略合作方案，推出了便携式虚拟现实设备——乐檬蚁视，目前已经达到了几十万的销量。并且蚁视将这种合作模式复制到了一加手机，在蚁视看来，这种双赢政策具有如图 9-10 所示的作用。

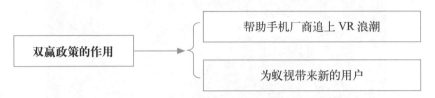

图 9-10　双赢政策的作用

除了与手机厂商合作双赢之外，蚁视还在电商平台上推广自己的产品，但是蚁视依然觉得这种只靠硬件产品来支撑 VR 发展的道路不会走得太远，等 VR 行业越来越成熟之后，这个领域将会涌入更多的竞争者。

于是，蚁视开始朝内容方向进军，除了游戏领域之外，蚁视还会在影视领域发力，例如蚁视发明了一个"VR 套拍"方法，该方法的操作方式如图 9-11 所示。

图 9-11　蚁视"VR 套拍"方法的介绍

想要在影视方面发力，那么只和网剧拍摄制作组合作是完全不够的，因此，为了更大程度地拓展平台内容，蚁视与乐视达成了合作协议，相关内容如图 9-12 所示。

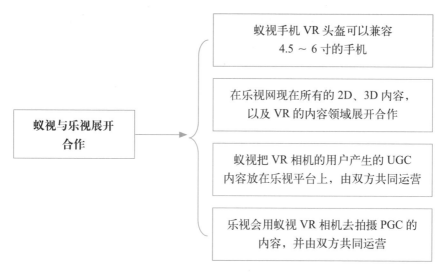

图 9-12 蚁视与乐视展开合作

　　不过即便如此，蚁视依然觉得没有一个更好的爆点让 VR 切入人们的视野，但是随着直播时代的到来，蚁视觉得这个机会来了。因此，蚁视与花椒直播平台展开了合作，通过为花椒直播提供 VR 硬件和软件上的支持，将 VR 切入到人们的视野，具体的操作如图 9-13 所示。

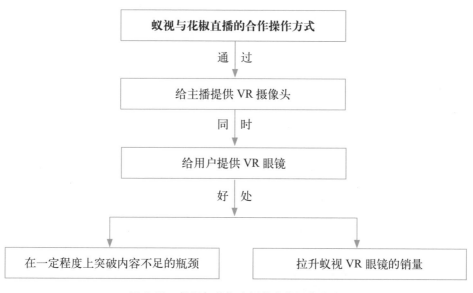

图 9-13 蚁视与花椒直播的合作操作方式

9.2.3 YouTube：全面支持 VR 视频的上传和播放

2015 年，YouTube 开始全面支持 VR 视频的上传和播放，YouTube 主要从如图 9-14 所示的两方面入手，让用户接受 VR、参与 VR，实现"VR 民主化"。

图 9-14　YouTube 从两方面入手

那么 YouTube 是如何在技术创新上实现全民 VR 的雄心的呢？举例说明如图 9-15 所示。

图 9-15　YouTube 如何实现全民 VR 的雄心

Google 为打造"全产业制式支持"的 VR 蓝图，创建了以 YouTube 为核心的 VR 中心，该 VR 中心主要由三方面构成，如图 9-16 所示。

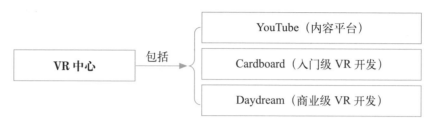

图 9-16　VR 中心

YouTube 致力于让全景摄像机走进普通人的生活,让所有人都能够享受到主观拍摄的乐趣,在 Google 的鼎力支持下,YouTube 希望 VR 变成人人皆可参与的一件事。

9.3　未来虚拟现实的一些想法

2016 年,VR 产品呈现出井喷的趋势,而各厂商的交互方式也没有形成统一的标准,因此,未来的虚拟现实会发展成什么样? 并不是所有人能够知晓的,但是在这个行业中,不乏资深 VR 人士,他们对虚拟现实的交互方式及发展趋势进行了一系列预测,如图 9-17 所示。

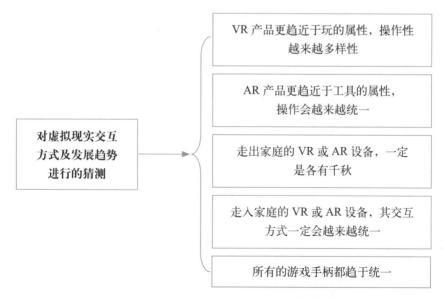

图 9-17　对虚拟现实交互方式及发展趋势进行的猜测

　　而相对于目前扁平化的手机操作界面风格，未来的 AR、VR 的界面形式会是怎样的呢？对于这一点，有人做出预测，认为未来的 AR、VR 的界面形式将会呈现如图 9-18 所示的几种递进过程。

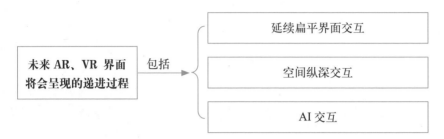

图 9-18　未来 AR、VR 界面将会呈现的递进过程

9.3.1　延续扁平界面交互

　　未来的几年里，虚拟现实的界面可能还会持续扁平化，让核心信息被突显出来，这种界面是目前为止用户体验最好的一种界面模式。扁平化的界面交互主要的作用如图 9-19 所示。

图 9-19　扁平化界面交互的主要作用

专家提醒

　　有人断定，在未来的很长的一段时间内，扁平化的界面交互会一直存在，不会轻易消失。

9.3.2　空间纵深交互

当虚拟现实技术持续不断地发展下去之后，交互界面会发生更为深刻的变化，在菜单上不再是之前的只有 X 轴和 Y 轴的模式，而是会往纵深的方向发展，即产生第二级菜单。

9.3.3　AI 交互

当技术再继续发展下去，交互方式将继续发生变化，不是扁平化，也不是空间纵深式，而是人工智能。到时候就会出现如图 9-20 所示的场景。

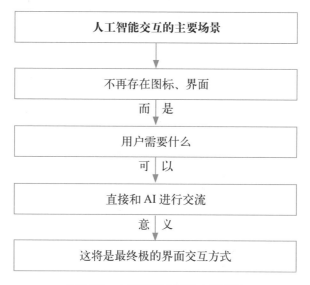

图 9-20　人工智能交互的主要场景

9.4　虚拟现实的未来动向分析

虚拟现实技术不仅仅是在游戏和娱乐行业引起变革，在医疗、影视、教育、社交、建筑等各领域，都能带来颠覆性的创新变革，未来，虚拟现实将给商家带来无可估量的商机。

虚拟现实未来的商业价值巨大，本节主要为读者介绍虚拟现实未来的一些商业动向，如图 9-21 所示。

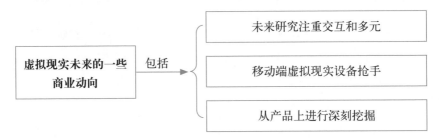

图 9-21　虚拟现实未来的一些商业动向

9.4.1　未来研究注重交互和多元

未来的虚拟现实技术的研究需要考虑到两方面的内容，如图 9-22 所示。

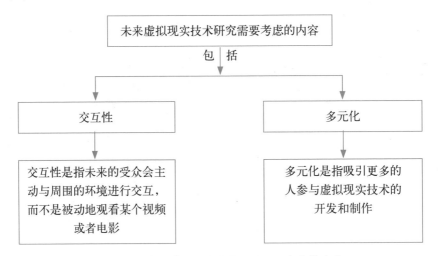

图 9-22　未来虚拟现实技术研究需要考虑的内容

专家提醒

　　目前，参与虚拟现实技术开发的通常是白人男性，而女性或者少数族裔的人很少，不同的人群其思想和表达创意的方式不一样，虚拟现实技术的研究和开发需要考虑到多元化这一特性。

9.4.2　移动端虚拟现实设备抢手

手机移动端是一个很好的切入口，2015 年，谷歌的 Cardboard 眼罩进入人们的视野，用户只要将 Cardboard 连接到智能手机上，它就能成为头戴式显示器供人们使用，未来，这种趋势将会延续下去，越来越多的移动端虚拟现实设备会面向市场。

9.4.3　从产品上进行深刻挖掘

目前市面上的虚拟现实产品，最多的还是虚拟现实头盔（如图 9-23 所示）和虚拟现实眼镜，未来的虚拟现实产品，可能包括如图 9-24 所示的几大系统。

图 9-23　虚拟现实头盔

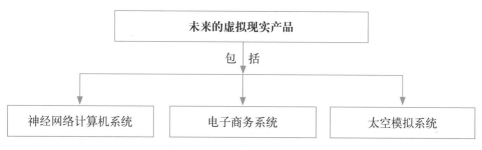

图 9-24　未来的虚拟现实产品

参 考 文 献

[1] 布拉斯科维奇. 虚拟现实——从阿凡达到永生 [M]. 北京：科学出版社，2015.

[2] 卢博. VR 虚拟现实——商业模式＋行业应用＋案例分析 [M]. 北京：人民邮电出版社，2016.

[3] 王寒. 虚拟现实——引领未来的人机交互革命 [M]. 北京：机械工业出版社，2016.